英語嫌いのエンジニアのための技術英語

坂東大輔 著

超基礎！

日刊工業新聞社

前書き

1 筆者の自己紹介

　ほとんどの日本人にとって、英語習得は"茨"の道です。"茨"だと知りつつも、勇気と覚悟をもって「技術英語」を標榜する本書を手にとって頂き、誠にありがとうございます。読者だけでなく、筆者にとっても、英語が"茨"の道であることに何ら変わりはありません。ネイティブの英語話者でもない限りは、英語を学んでいくのは苦難の道のりです。本書の趣旨は「上から目線」ではなく「同志の目線」で、筆者が読者と共に"茨"の道を歩もうということです。

　そこで、まずは、筆者の自己紹介から始めます。

　筆者は1978年（午年）生まれの天秤座A型です。現在の職業はITエンジニアですが、元々、大学時代は文系（経営学部卒）でした。根っからの文系人間でしたが、大学時代に「フリーウェア（freeware）」の開発を経験しました。「フリーウェア」とは、インターネット上で公開する無料ソフトウェアを指します。その経験からITの世界に夢と可能性を感じて、就職活動はIT業界のみに絞り、大手メーカー系列のIT企業に就職しました。そのIT企業でサラリーマン（平社員）を12年間勤めました。サラリーマン時代は、疾風怒濤の如く、あっという間に過ぎ去りました。

　海外勤務（シリコンバレーやニューヨーク等）を経験したり、社会人大

前書き

学院を修了し、修士(工学)の学位を取得したり、種々の資格(技術士、中小企業診断士、通訳案内士、実用英検1級等)を取得したり、過労(デスマーチ)によりメンタル疾患を経験したり…、本当に、数多くの方々と出会い、色々と貴重な経験をさせてもらいました。ですが、独立志向が元々強かった筆者は30代半ばという年代も鑑み、己の人生の最終目標である「自由人」を目指すべく、思い切って脱サラを決心しました。

その後は、某ITベンチャー企業で会社役員(取締役CTO)を1年間させて頂き、そこでもまた色々と経験しました。そして、現在は「坂東技術士事務所」という屋号の個人事業主として、日々、技術士活動に勤しんでいます。今日に至るまでに、筆者はIT業界において幅広い業務を経験しました。ここでは書き切れない程に幅広いのですが、キーワードだけ羅列すると、図1のような感じです。

- 英文マニュアル執筆(テクニカルライティング)
- ローカライズ(技術翻訳)
- オフショア開発(ブリッジSE)[1]
- UX (User Experience) 向上
- 情報セキュリティ対策
- 技術経営(MOT)
- 組込システム開発(IoT)
- その他IT全般(プログラミング、ネットワーク、データベースなど)

図1 筆者の経験業務

エンジニアリングの世界もグローバル化が進行しており、業務で英語を使用したり、海外エンジニアとコミュニケーションしたりする必要がある機会が増えてきています。そんな社会の流れもあり、サラリーマン時代に、筆者は英語を活用する業務を色々と経験しました。

筆者のキャリアが特殊だったのは、入社時点でそこそこの英語力(実用英検準1級やTOEIC730点)があったため、他の日本人エンジニアよりも海外対応の仕事を行う機会が多かったことです。自分のキャリアを振り

返ると、ほぼ半分くらいは英語で仕事をしていたことになります。グローバル化社会の現在においても、日英半々の比率でエンジニアリング業務を経験したエンジニアはまだまだ少数派ではないでしょうか。

更に珍しいことに、こういった英語を用いる業務の経験（OJT＝On-the-Job Training）のお陰もあって、完全に独学で「通訳案内士（英語）」（国土交通省の国家資格）や「実用英検1級」に合格することができました。

筆者は帰国子女でなく、留学経験もなく、日本国内の職場がほとんどでした。英語の学習に有利な環境ではなかったです。しかしながら、英語のノウハウやコツを自分なりに習得した結果、上述した英語資格に加えて、APECの国際会議で日本国代表として英語プレゼンをするレベルにまで、自分の英語力（国際コミュニケーション力）を向上させることができました。

2　筆者の体験談

筆者は「技術英語」を駆使する仕事を色々と経験してきました。キーワードで挙げていくと図2のような仕事でした。

- 英文マニュアル作成
- Online Help作成（文脈依存［Context-sensitive］型）
- ローカライズ（日本語ソフトウェアの英語化）
- オフショア開発（ベトナムとの共同開発。ブリッジSE）
- 電話会議での簡易通訳
- 他人の英文Eメールの添削や代筆
- 仕様書の英文和訳、和文英訳
- 英語圏向けの販促資料の作成

図2　筆者の「技術英語」業務の経験

筆者は英語を学問（言語学）として研究してきた人間ではありません。ですが、図2に示した仕事の経験を通じて、多種多様なEnglish speakers

(NativeもNon-nativeも含む)との百人組手(いや、千人かも)をしてきたという自負はあります。本書では、一般的な英語の教科書には書いていないような、筆者独自の経験談とノウハウをお伝えします(英語の技術論と言うよりむしろ、処世術や精神論に近い議論も多くなってしまうでしょうが…)。

3 本書の概要

近年、エンジニアリングの世界もグローバル化が急速に進んでいます。取引先の顧客のみならず、一緒に仕事をするエンジニアも外国人となりつつあります。当然、外国人とコミュニケーションをするためには「英語」を避けて通るわけにはいきません。ましてや、エンジニアリングの世界で用いる英語は「技術英語」となります。「技術英語」の習得には、一般的な「英語」の知識に加えて、「技術」に特有の知識が必要となります。

本書では、筆者が独学で習得した英語の経験、ノウハウ、コツを伝授します。図3に示すポイントが他書では見られないオリジナル要素となります。

- 英語学習で挫折しないコツ
- 英語の前に日本語で考えてみる
- アンチパターン(べからず集)
- 受験英語の重視

図3 本書のオリジナル要素

本書では、筆者秘伝の「技術英語」の極意を余すこと無く体得して頂けます。読了後には、自信を持って外国人とコミュニケーションをとり、海外進出できることを目指します。

さて、能書きはこれ位にしておいて、早速、技術英語の世界へご招待

しましょう。

4 本書の構成

本書は紙幅の許す限り、技術英語に関する幅広いトピックを記載しております。基本的には、最初から順に読んで頂くことで、技術英語に関する基礎的な知識を前提として理解し、読者自身が自力で英語を活用してエンジニアリングの仕事を実践できることを目標としています。

参考までに、本書の構成を表1に示します。

表1　本書の構成

章	章のタイトル	概要の説明
第1章	「技術英語」の概要	英語力を効率的にアップするためには、自分が習得したい英語の"種類"を考える必要がある。「英語」や「技術英語」の種類について解説する。更に、技術英語の神髄と言える「技術コミュニケーションの3C」について解説する。
第2章	「英語」の前にまずは「日本語」で	日本語を英語に訳す場合、オリジナルの和文の品質が悪ければ、翻訳後の英文の品質は更に悪化する。自明の理のように思えるが、日本人の英作文の品質が芳しくない原因のほとんどが「オリジナル和文の時点で既に難がある」ことである。よって、日本語と英語の言語上の差異によらない、普遍的に習得すべき知識を解説する。
第3章	「受験英語」は全ての基礎	日本人の英語嫌いを生み出している諸悪の元凶は「受験英語」であると言われている。しかし、筆者に言わせれば、日本人が英語をマスターできない理由は「受験英語を軽んじているから」である。特に、日本人が弱いのは「英文法」の知識である。英文法力は、英語の基本四技能（Reading、Writing、Listening、Speaking）に直結している。よって、英語の「学び直し」の意味も込めて、「受験英語」のポイントについて解説する。

前書き

第4章	「技術英語」全般に通じる議論	一般的な英語の知識に加えて、「技術英語」ではエンジニアリング業務の内容を扱う必要がある。当然、エンジニアリング用語を英語で表現することになるが、実は、英語上級者の日本人であっても苦手とする盲点である。日本人が特に苦手とする「数字（数式）」を中心として、エンジニアリングの英語に特有の注意点を解説する。
第5章	「技術英語」のアンチパターン（べからず集）	技術英語の勉強がある程度進んできた中級者以上が"つまずき"やすい盲点が存在する。そして、ひっかかりやすい盲点はパターン化されている。つまり、多くの日本人が似たポイントでミスを犯すのである。こういったミスの中には、外国人の感情を害したり、取引上の紛争につながったりといった致命的な事態に発展しかねないミスがある。「アンチパターン（べからず集）」をいくつか例示して、日本人が「アンチパターン（べからず集）」に陥りやすいことを実際に理解して頂く。
第6章	「和文和訳」という最重要テクニック	日本人が英作文で失敗する要因として「オリジナル和文の品質の悪さ」以外に「オリジナル和文を直訳しようとし過ぎる」ことがある。 要するに、自分の英作文力の身の丈に合ったレベルで英作文をしようとしないから失敗する。「オリジナル和文」を自分の身の丈に合ったレベルにまで噛み砕くことを「和文和訳」と言う。筆者が独自に編み出した「和文和訳」のテクニックを伝授する。
第7章	各種ドキュメントの作成で活用する「技術英語」	下記のドキュメント作成のコツを記す。 ● 英文Eメール ● 英文の報告書（議事録） ● 英文のマニュアルと仕様書 ● 英文の企画書（提案書）
第8章	英語プレゼンテーション 虎の巻	筆者は技術士という立場上、国際会議などでプレゼンテーションをする機会が多い。実際に、英語でプレゼンテーションする際に役立つ心構えやノウハウを伝授する。ここで述べるノウハウに関しては、英語だけでなく、日本語でプレゼンテーションする際にも大いに有用である。

第9章	お薦めの英語の勉強法	ごくごく一般的な純日本人である筆者が上述したレベルの英語力を習得できた勉強法を伝授する。勉強法だけでなく、英語学習に大いに役立つツールについてもご紹介する。
—	出典一覧	本書の記述の引用元を示す。

なお、第1章〜第9章の最後には「章末コラム」と題しまして、各章の内容に関連するトピックを取りあげています。

5　本書に関する質問やリクエストの連絡先

本書に関して、ご質問やリクエスト等がありましたら、お気軽に筆者までご連絡ください。連絡先は巻末の「著者紹介」の項に記しております。本書をきっかけとして読者と共に「技術英語の輪」を広げていきたいです。

目　次

前書き

第1章　「技術英語」の概要

1　「英語」の種類　　2
2　「技術英語」の種類　　8
3　技術コミュニケーションの3C　　15

第2章　「英語」の前にまずは「日本語」で

1　語調（Tone）　　20
2　表題（Title）　　21
3　アブストラクト・要旨（Abstract、Summary）　　22
4　構成（Structure）　　23
5　詰め込みすぎず、シンプルに　　27
6　論理展開　　30
7　「読者像（聴衆像）」を事前に想定する　　34
8　自分の作品は、必ず、通しで音読する　　35

第3章　「受験英語」は全ての基礎

1　語彙　　41
2　五文型　　44
3　時制　　53
4　形式主語・形式目的語　　68

5	関係詞	*71*
6	助動詞	*89*
7	仮定法	*95*
8	前置詞と接続詞	*98*
9	冠詞	*104*
10	不定詞と動名詞	*106*

第4章 「技術英語」全般に通じる議論

1	英語文書の"型"（Style）	*113*
2	用語集（Glossary）は全ての要	*114*
3	語と語の結びつき（Collocation）	*117*
4	単位	*119*
5	数字（数式）の読み方	*121*

第5章 「技術英語」のアンチパターン（べからず集）

1	日本人の典型的な弱点（急所）	*129*
2	日本人が犯しがちなミス	*133*
3	間違いやすい英文法	*142*
4	間違いやすい英文読解（英語⇒日本語）	*168*
5	間違いやすい英作文（日本語⇒英語）	*181*

第6章 「和文和訳」という最重要テクニック

1	筆者の体験談	*197*
2	コミュニケーションの"目的"を熟慮する	*198*
3	読み手の知識レベルを意識する	*199*

目次

 4 自分の日本語力＞自分の英語力　　　　　　　　　　　　　*200*
 5 伝えるべきは表層的な字面ではなく、その裏に組み込まれた意図
　　　　　　　　　　　　　　　　　　　　　　　　　　　　201
 6 「和文和訳」の講師秘伝のテクニック集　　　　　　　　　*202*

第7章　各種ドキュメントの作成で活用する「技術英語」

 1 Eメール　　　　　　　　　　　　　　　　　　　　　　　*214*
 2 会議のアジェンダと議事録　　　　　　　　　　　　　　　*227*
 3 マニュアル（仕様書）　　　　　　　　　　　　　　　　　*236*
 4 企画書（提案書）　　　　　　　　　　　　　　　　　　　*240*

第8章　英語プレゼンテーション　虎の巻

 1 筆者の体験談　　　　　　　　　　　　　　　　　　　　　*245*
 2 英語プレゼンの心構え　　　　　　　　　　　　　　　　　*246*
 3 英語プレゼン資料の作成　　　　　　　　　　　　　　　　*251*
 4 英語プレゼンのデリバリー　　　　　　　　　　　　　　　*261*
 5 英語プレゼンの振り返り　　　　　　　　　　　　　　　　*272*

第9章　お薦めの英語の勉強法

 1 英語の勉強法　　　　　　　　　　　　　　　　　　　　　*275*
 2 辞書　　　　　　　　　　　　　　　　　　　　　　　　　*282*
 3 参考書　　　　　　　　　　　　　　　　　　　　　　　　*282*
 4 シソーラス　　　　　　　　　　　　　　　　　　　　　　*284*
 5 Webサービス　　　　　　　　　　　　　　　　　　　　　*284*
 6 アプリ　　　　　　　　　　　　　　　　　　　　　　　　*286*

目次

7　語源　　　　　　　　　　　　　　　　　　　*286*

出典一覧　　　　　　　　　　　　　　　　　　*293*
後書き　　　　　　　　　　　　　　　　　　　*297*

第1章
「技術英語」の概要

　本章では技術英語の概要と題して、具体的なテクニックやノウハウの話をする前に、そもそも「技術英語とは何ぞや？？」ということについて言及したいと思います。概して、日本人は「Know-How（方法は何か？）」を考えるのは得意なのですが、「Know-What（対象は何か？）」や「Know-Why（理由は何か？）」が頭から抜け落ちがちです。

　しかし、技術英語を含む英語の学習にあたっては「自分が勉強すべきことは何なのか？」という自明とも思えることをしっかりと考える必要があります。筆者も含む多忙な現代人は英語の勉強に費やせる時間も自ずと限られてきます。よって、限られた時間内で英語力を確実に向上するには、学習の効率性をよく考える必要があります。「効率が良い学習の仕方」というのは、すなわち、「自分が業務で必要とする英語の対象範囲（Know-What）を見極めて優先順位を付けて、優先度が高い順から学んでいく」ということです。初心者が陥りがちな罠は「何も考えずに闇雲に"全方位的"に勉強しようとする」ことです。

　実は、個々人が置かれている状況に応じて、仕事で必要とされる英語の種類は千差万別です。ということは、自分の仕事に直接的に関係ない（縁遠い）種類の英語を学んだとしても遠回りとなる（あるいは役に立たない）恐れがあります。本章では、英語の種類の"千差万別"ぶりの一例を示します。

　そして、本書の最初となる本章では、技術英語の核心とも言える大事な

第1章 「技術英語」の概要

心構えである「技術コミュニケーションの3C」を紹介します。本書では色々と具体的なテクニックやノウハウを解説しますが、この「3C」は全ての根底に通じている普遍的な鉄則です。

1 「英語」の種類

一口に「英語」と言っても、色々な種類（使われ方）があります。英語の分類の一例を示します。

> **KEYWORD**
>
> 「英語」の種類（一例）
> ① 入試用英語
> 　　（English for entrance examinations）
> ② 英文学（English literature）
> ③ 日常会話の英語（Daily conversation）
> ④ ハリウッド映画の英語（Slang）
> ⑤ グロービッシュ（Globish）
> ⑥ 技術英語（Technical English）

筆者がざっと思いつくだけでも、これだけの種類を列挙できました。これらは全て「英語」であることには間違いないのですが、性質や使われ方が大きく異なります。各々の差異に留意しないと、外国人との国際コミュニケーションで問題を引き起こす恐れもあります。

① 入試用英語（English for entrance examinations）

恐らく、日本人にとって一番馴染みのある「英語」でしょう。そして、

「英語」嫌いを量産する諸悪の元凶扱いもされます。しかし、筆者の見解としては、受験英語こそが「英語」の基礎体力であると考えています。実際に、ビジネスの現場で使う英語であっても、義務教育（中学校卒業、実用英検3級）レベルで何とかなる事が多いです。そういう事情もあり、本書の第3章では、この「受験英語」に焦点をあてて、英文法の解説を行います。

② 英文学 (English literature)

英文学の名手は数多いですが、本節では William Shakespeare を例に挙げます。さて、下の英文はどう和訳すべきでしょうか？

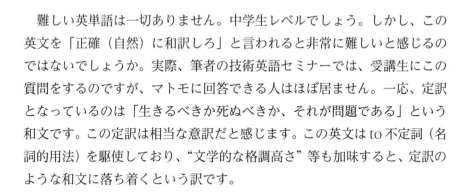

難しい英単語は一切ありません。中学生レベルでしょう。しかし、この英文を「正確（自然）に和訳しろ」と言われると非常に難しいと感じるのではないでしょうか。実際、筆者の技術英語セミナーでは、受講生にこの質問をするのですが、マトモに回答できる人はほぼ居ません。一応、定訳となっているのは「生きるべきか死ぬべきか、それが問題である」という和文です。この定訳は相当な意訳だと感じます。この英文は to 不定詞（名詞的用法）を駆使しており、"文学的な格調高さ"等も加味すると、定訳のような和文に落ち着くという訳です。

本書の読者層と想定されるエンジニアが Hamlet のような英文学的な英語を扱う必要性は低いと言えるでしょう。実際の技術文書では、このような技巧的な英文を見かけることは少ないです。Hamlet のような英文学を勉強することは、長い目で見れば、英語力の向上につながるとは思います。

第1章 「技術英語」の概要

しかし、英語力アップの即効性を求められるような方（例：海外勤務が急に決まった等）にはお勧めできません。

筆者が英語の勉強法をヒアリングした中には、あの Harry Potter シリーズを原著の英文で読むことで英語を勉強しようとしている方が散見されました。Harry Potter シリーズは本格的なストーリーのファンタジー小説ということもあり、古典的な英文学に近いものがあります。誤解を恐れずに言うと、日本で言えば「源氏物語」や「古事記」のような古文です。確かに、古文を勉強することも、広い意味では日本語の学習につながるとは思いますが、例えば、日本語の初学者である外国人の方々に対して「いきなり古文を読め」とは言い難いものがあります。

③ 日常会話の英語 (Daily conversation)

「日常」の会話と言いながらも、日常会話の英語は意外と難しいです。その理由は、英語が事実上の国際標準語であることもあり、英語話者は千差万別であるからです。出生地、国籍、母国語、知的水準、得意分野、文化、宗教等のバックグラウンドが異なる可能性があり、そういったバックグラウンドの差異がそのまま使う英語にも表れてきます。とりわけ、発音が母国語に大きく依存します。

ビジネスの場で用いるような公式な英語の言い回しや発音などは、ある程度"標準化"されていると言えます。国際会議の場などは参加者の属性が多岐にわたりますし、公式な場特有のプロトコル（礼儀作法）があるから、英語も"標準化"せざるを得ないのです。しかし、日常会話の英語はカジュアルであり、内輪で会話する分にはそのような縛りが少ないため、各人のバックグラウンド丸出しの英語となる訳です。

1 「英語」の種類

④ ハリウッド映画の英語 (Slang)

　英語の勉強法をヒアリングすると、Harry Potterと並んで頻出するのがHollywood映画を観て英語を勉強している方です。勿論、Hollywood映画を鑑賞して英語を学ぶのも悪くはないのですが、その際に気をつけなければならないのが「Slang（スラング）」です。

　Slangと言うのは、いわゆる「俗語」のことです。下品あるいは差別的な表現の場合が多いので要注意です。映画に出演している俳優の言い回しをソックリそのまま真似しようとすると、一般的なネイティブに対してはとんでもなく酷い台詞を口から吐いてしまう恐れがあります。特に、男性が好むようなアクション映画は"荒々しい"台詞が多いため、ビジネスのようなフォーマルな場には適さない表現が乱発しますので要注意です。

　Slangの一例を下に示します。

POINT　　　　　　Slangの一例

● くだけた短縮形

　"want to" → "wanna" あるいは "going to" → "gonna" のような短縮形が頻出する。これらの短縮形は表現としてはカジュアル過ぎるので、フォーマルなビジネスの場では "wanna" や "gonna" を使うのは避けよう。

> - Four letter words（4文字単語）
>   Fuck や Shit などの下品な単語はアルファベット4文字が多いことから、「Four letter words」と総称される。米国の音楽業界の自主規制の基準は厳しく、例えば、人気歌手の EMINEM の歌詞は「Four letter words」を乱発するため、歌唱のほとんどが「ピー」音でマスキングされている。マスキングされていない無修正オリジナルを聴きたいのであれば、「"Explicit"（明け透け）版」と明記されている楽曲を購入する必要がある。

このような Slang はビジネスには適さない英語表現ではありますが、それでも、予備知識としては抑えておくべきです。その理由は、本章の章末コラムを参照してください。

⑤ グロービッシュ（Globish）

「Globish（グロービッシュ）」と言うのは「Global＋English＝Globish」という合成語となります。「世界のグロービッシュ」という書籍で、フランス人のジャン＝ポール・ネリエール氏が提唱しました[1]。文字通り「国際的な英語」を志向した英語の用法となります。「国際的」の意味するところは、英語ネイティブだけでなく、非ネイティブでも使いこなせるような英語の使い方をしようということです。端的に言うと、「Globish」は難しい英単語を使わない英語コミュニケーションとなります。Globish の要点を次に示します。

> **POINT** — Globishの要点
> - 単語は1,500語とその派生語だけ
> - 文章は短く、15語以内に
> - 発音よりも、アクセントに注意せよ！

　ここで注目すべきは、学ぶべき英単語の上限を「1,500語」のみに絞ると断言していることです。一見すると「1,500語」というのは多いように思えます。しかし、この「1,500語」という語彙数は「中学校2年生（義務教育）」レベルとなります。つまり、Globishの主張に従うのであれば、「あくまでも"中学生"レベルの言葉遣いでビジネスを進める」ということになります。

　筆者の個人的な意見としては、正直なところ、生き馬の目を抜く国際ビジネスの厳しい競争社会をたった「1,500語」レベルの語彙で切り抜けるのはキツイ気がしています。一応、実用英検1級（語彙数10,000語以上）レベルの筆者ですら、外国人に話したい英単語が即座に口から出てこないことが多々ある訳です。Globishの主張に乗るか否かは読者次第です。

⑥ 技術英語（Technical English）

　本書の主テーマとなります。大雑把に言うと「エンジニアリングの仕事で用いる英語」全般を指します。"エンジニアリング"というと特定のニッチな専門分野を連想するかもしれませんが、実は「技術英語」という大まかな括りで考えると、英語の使い方のバリエーションは多岐にわたります。その詳細は次節にて述べます。

第1章 「技術英語」の概要

2 「技術英語」の種類

　先述したとおり、「技術英語」という括りにおいても「技術英語」の使われ方に色々とバリエーションがあります。「技術英語」の種類の一例を示します。

> **KEYWORD**
>
> 「技術英語」の種類（一例）
> ① 英文マニュアル
> ② ローカライズ（地域化）
> ③ 英語によるプレゼンテーション
> ④ 手紙（Eメール）
> ⑤ 会議（対面、電話、TV）
> ⑥ 各種ドキュメント（企画書、提案書、報告書、仕様書）
> ⑦ 特許
> ⑧ 契約
> ⑨ 論文（学術論文、技術論文）

① 英文マニュアル

　いわゆる「取扱説明書」です。マニュアル本体のみならず、Release Notes や付随的な資料も含まれることがあります。特に、ソフトウェア製品の場合はバージョンアップやバグ修正版のリリースが頻繁（小まめ）に行われることから、各バージョンにおける更新差分を Release Notes に列挙するのが慣習となっています。また、ソフトウェアの HELP 機能（ソ

フトウェアに内蔵されているマニュアル）やToolTip機能（マウスのカーソルを合わせると画面上に表示される注釈）で表示される文言もマニュアルの一部と捉える場合もあります。

　配布形態としては、印刷冊子だけでなく電子ファイル（PDF形式など）でも配布されます。家電メーカー等の企業のWebサイト上にマニュアルを公開することが増えてきました。つまり、マニュアルの想定読者が製品購入者だけでなく、製品を保有していない潜在顧客にも広がっているということです。マニュアルの読者層が広がるにつれて、マニュアルの重要性が高まっています。

　一般的に思われている以上に、マニュアルは顧客満足度（CS：Customer Satisfaction）への影響が大きいです。その理由は、マニュアルこそが、ユーザーにとって「溺れる者は藁をもつかむ」の"藁"に相当するからです。製品に問題が発生した場合、大抵のユーザーにとっては、メーカーの「お客様相談窓口」に問い合わせをするのは気が引けます。電話は混雑気味だし、メールは返信が滞ることが一般的だからです。よって、多くのユーザーは自力でトラブルシュートを試みます。その時に、真っ先に参照するのがマニュアルです。製品に問題があり精神的に相当なストレスを感じている状態でマニュアルを一読したときにそのマニュアルの品質が悪かった場合、ユーザーの心証が最悪になることは想像に難くないです。

　詳細に関しては、本書の「(第7章) 各種ドキュメントの作成で活用する「技術英語」」の「マニュアル（仕様書）」の節を参照してください。

② ローカライズ

　「ローカライズ（Localize）」とは、直訳すると「現地化」を意味します[2]。ある国を対象に開発された製品やサービスを別の国々向けにも対応させることです。主に、製品やサービスで用いられる言語の翻訳を行います。日本語の製品やサービスを外国語化したり、その逆に、外国語の製品やサービスを日本語化したりします。ここで言う外国語とは英語である場

合が多いですが、近年では、中国語などのアジア圏の言語やスペイン語などのヨーロッパ圏の言語のニーズも増えています。

詳細に関しては、Web サイト（http://pub.nikkan.co.jp/html/079313）を参照してください。サイトから関連文章を無料ダウンロードできます（パスワード：nikkan079313）。

③ 英語によるプレゼンテーション

「プレゼンテーション」の分類は色々と考えられますが、目的は下に示す2つに大別されます。

> **POINT　プレゼンテーションの目的**
> - 客観的な事実の説明
> - 主観的な意見の訴えかけ

このうち、前者は情報の共有を目的とする学会発表などが該当し、後者は製品やサービスの売り込みを目的とする営業プレゼンなどが該当します。Apple 社の Steve Jobs 氏は後者のタイプのプレゼンテーションの名手でした。

プレゼンテーションで留意すべき点は、「原稿文を棒読みで音読する」のは絶対に NG です。次の「メラビアンの法則」に示すとおり、聴衆は原稿文以上の情報量をプレゼンターから受け取っていることになるのです。

POINT　メラビアンの法則

人間が受け取る情報の伝達比率は、
Verbal（言語）：Non-verbal（非言語）＝ 7 ％：93 ％

　つまり、聞き手が受け取る情報として、話す内容（原稿文そのもの）は1割にも満たず、話し方（プレゼンターの雰囲気）が9割を占めるのです。よって、英語でプレゼンする場合は、プレゼン資料の原稿（verbal）も大事ですが、自分のプレゼンテーション実演スキル（Non-verbal）も鍛え上げる必要があります。

　詳細に関しては、本書の「(第8章) 英語プレゼンテーション　虎の巻」を参照してください。

④ 手紙（Eメール）

　ビジネス用途の手紙は"business letter"とも呼ばれます。日本と同様に、紙の封書が公式であり、電子メール（Eメール）は略式となります。

　筆者は外国人とのEメールのやり取りでは大変な苦労をしました。苦戦をした理由は、日本のEメール文化はガラパゴス化しており、筆者も日本でしか通用しないようなEメール文化に骨の髄まで毒されていたからでした。

　詳細に関しては、本書の「(第7章) 各種ドキュメントの作成で活用する「技術英語」」の「Eメール」の節を参照してください。

⑤ 会議（対面、TV、電話）

日本人にとって「外国人と英語で会議する」というのはハードルが高く感じると思います。特に「対面→TV→電話」の順に会議の難度が上がります。最悪なのは「電話会議」です。相手の表情を読み取れないから、自分の拙い英語の発言を相手が確実に理解しているかを読み取り難いです（首をかしげたり、怪訝な表情をしたりしているかも…）。

また、電話回線の品質が悪い（特にIP電話）ことも多く、筆者の感触だと、TOEICより高いレベルのリスニング能力を求められます。発音にクセのあるNon-native（特にインド人）が相手だと、大変な苦戦を強いられることになります。

詳細に関しては、本書の「(第7章) 各種ドキュメントの作成で活用する「技術英語」」の「会議のアジェンダと議事録」の節を参照してください。

⑥ その他の各種ドキュメント（企画書や提案書等）

各種ドキュメント全般に通用する技術英語のコツとして、「テンプレートありき」でドキュメント作成を考えるのが良いでしょう。つまり、ドキュメントのスタイルは色々ありますが、規範となる「雛形」を1つでも作成して、後はその雛形に従うようにします。すると、少なくとも、記述項目の過不足が出るのは抑止できます。記述の内容（レベル）に関しても、雛形という前例があれば、ある程度の類推はできるでしょう。

詳細に関しては、本書の「(第4章)「技術英語」全般に通じる議論」ならびに「(第7章) 各種ドキュメントの作成で活用する「技術英語」」の「企画書（提案書）」の節を参照してください。

⑦ 特許

特許文書（特許明細書）は技術英語の最難関です。特に、請求項

(claim) の表記方法は尋常の沙汰ではないと筆者は常々感じています。英作文に関しては、英語うんぬん以前に、弁理士 (patent attorney) の専門知識が必須です。法律（特許法など）が絡む故に、基本的には、特許文書の作成は弁理士の先生に委ねることになります。弁理士ではないエンジニアとしては、特許のクリアランス（他社の特許を侵害するのを回避するための事前調査）の際に、特許明細書の大まかな内容を把握できるだけの読解力を身につけることが肝要です。

⑧ 契約

契約書も技術英語の難関です。日英の言語的な差異もありますが、契約等の法律が絡む話に関しては、特に、**図1**に示すように法体系の根本的な差異が大きいです。

図1を大雑把に解説すると、日本は「明文化された法律を重視する」という考え方なのに対して、アメリカは「裁判による判例を重視する」という考え方です。言語以前に、法に対する方針（方向性）からして大きく異なっているということを頭の片隅に抑えておきましょう。

英作文に関しては、英語うんぬん以前に、弁護士 (lawyer) の専門知識が必須です。弁護士ではないエンジニアとしては、契約書の大まかな内容を把握できるだけの読解力を身につけることが肝要です。

特に、ソフトウェアの「ライセンス契約書 (License Agreement)」は要注意です。例えば、オープンソース（ソースコードが一般公開されている）のソフトウェアに適用されることが多い「GPL (GNU General

日本	大陸法
	成文法主義
アメリカ	英米法
	判例法主義

図1　日米の法体系の違い

Public License)」等のライセンスは「Copyleft」という考え方に基づいています。「Copyleft」は複雑な話なので、本書ではこれ以上深入りしません。ですが、「Copyleft」に関してご自身で調べれば、「ライセンス契約書」を無視することのリスクの甚大さに気付くことでしょう。

⑨ 論文（学術論文、技術論文）

　論文（paper、thesis）の執筆は、高レベルの英作文と言えます。高レベルのエンジニアを目指すには避けて通れない道とも言えます。学術論文の書き方のスタイルが日本と海外とで異なる面があります。研究者によっては「初めから英語で論文を書いていないと、世界中の誰も読んでくれない」と言う人もいます。

　英語の論文を執筆するにあたっての重要なポイントは「日本語の論文をそのまま直訳したとしても、英語圏で一般的に通用する論文にはならない」ということです。その理由は、日本語の論文と英語の論文との間には、下に示すような差異があるからです。

> **POINT　日英で論文の書き方は異なる**
>
> 　　　英語の論文　≠　日本語の論文の直訳
> - 英語と日本語では言語の構造が違うから、単なる直訳では自然な言い回しとならない。
> - 英語圏の論文の形式（作法）は日本流とは異なる点が多い。

　この差異を考えると、論文の内容はともかくとして、表現はイチから英語で書き直す必要があります。もっとも、そもそも論ではありますが「日本語でイマイチの論文は英語にしてもイマイチ」のはずです。

3 技術コミュニケーションの3C

　本章の締めくくりとして、「技術コミュニケーションの3C」[3]をご紹介します。筆者が技術英語を考えるに当たって最も大事にしている心構えとなります。

　「技術コミュニケーションの3C」の概要を示すと**図2**のようになります。

　図2は、技術コミュニケーションは「簡潔に」「明快に」「正確に」を心がけるようにすべきということを示しています。Correctの前提条件がClearであり、Clearの前提条件がConciseとなります。つまり、Conciseを真っ先に充足する必要があります。

　言われてみれば、当たり前のように思えるシンプルな原則ですが、「分かっている」と「実践できている」の間には天地ほどの差があります。筆者自身もどうすれば「3C」に到達できるのかを模索しつづけています。

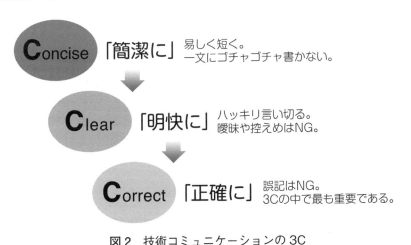

図2　技術コミュニケーションの3C

第1章 「技術英語」の概要

"Freeze!!" の悲劇

　本章では、米国の「Slang（俗語）」について説明しました。本書の解説のとおり、Slangは下品（乱暴）な言葉遣いであるため、ビジネスの場で一切使うべきではありません。しかし、「使うべきではない」ですが、ある程度は「知っておくべき」だと筆者は考えています。「使ってはいけない言葉をワザワザ覚える必要性はあるのか？」と読者は疑問に思うかもしれません。

　そういう読者のために、過去に米国で起きた「"Freeze!"の悲劇」を紹介しましょう。

　1992年に、当時高校2年生だった服部剛丈さんが交換留学（AFS）を通じてアメリカ合衆国ルイジアナ州にホームステイしました。そこで、服部さんはホームステイ先の子弟と一緒にハロウィンパーティーへと出掛けたのですが、地理に不慣れであったことから訪問先の家を間違えてしまいました。その間違えた訪問先の家に居た男が、2人に向けて銃を構えて「Freeze!」と叫んだのです。

　しかし、服部さんは「We're here for the party.（パーティーに来てるんです）」と説明しながら男に近づいてしまいました。その結果、男は銃を発砲し、服部さんは射殺されてしまいました。

その後、男は刑事裁判（陪審員制）にかけられたのですが、「無罪」の評決が下されました。その評決の理由としては、男の「正当防衛」が認められたからだと言われています。要するに、「Freeze!」と叫んでいたのにもかかわらず、服部さんが男に近づいたので身に危険を感じて発砲するのは正当な防衛行為だと言う訳です。

　服部さんが死に至る契機となった「Freeze!」とは一体何なのでしょうか？　一般的な用法では「凍結」を意味する英単語になります。しかし、この「凍結」の意味から転じて、くだけた言い回しとしては「止まれ！」という意味のSlangとして使われることもあるのです。「Stop!」に近いニュアンスです。恐らく、服部さんはこのSlang的な用法を知らなかったのでしょう。だから、警告する男に近づいてしまい、無残にも射殺されてしまったのです。

　歴史にifはあり得ませんが、「Freeze!」のSlang的な用法さえ理解していたとすれば、ひょっとしたら、この悲劇は回避できたのかもしれません。まさに、Slangを「使うべきではない」ですが、ある程度は「知っておくべき」だったと考えます。この「"Freeze!"の悲劇」からは「知識の有無が生死を分かつ決定的要因となり得る」という重大な教訓を得られます。

第2章
「英語」の前にまずは「日本語」で

　本章では、いきなり「英語」の話を始める前に、まずは「日本語」から基礎固めをすることにします。まどろっこしく感じる読者も居るかも知れませんが、筆者が今までに数多くの日本人の英作文をチェックしてきた経験に鑑みるに、英訳する前の和文の時点で何らかの重大な問題点が散見されることが多いです。つまり、「英語以前に日本語に難がある」という致命的な問題でつまずいている日本人が多いです。

　加えて、「技術英語」、つまり、特にエンジニア向けの英語ということを考えると、和文のニュアンスが忠実に相手に伝わる正確な英作文を行うのは必要最低限の前提条件でありますが、それに加えて、エンジニアリングの世界で要求される「技術文書」としての論理性を担保する必要があります。

　本来は、英語にいきなり挑戦する前に、日本語の「技術文書」を執筆する段階で、エンジニアとして求められる「論理的思考（ロジカル・シンキング）」の訓練を積んでおくべきです。英語は日本語以上に論理性を厳しく追求する言語でありますし、海外エンジニア（特に米国人）は日本人以上に幼少期からロジカル・シンキングの訓練を受けてきています。ロジカル・シンキングの熟練者である海外エンジニア向けの英文を書こうとするのであれば、「日本語」（における論理的思考）の土台をしっかりと仕上げておく必要があります。「日本語」の段階でつまずいている限り、更に困難な「英語」に挑むのは無謀です。

第2章 「英語」の前にまずは「日本語」で

　本章の内容は、ベテランのエンジニアであっても、思いの外、頭から抜けがちなことが多いのではないでしょうか。今までのエンジニアリング修行の復習も兼ねて、本章の内容を一通り抑えてください。

1 語調（Tone）

　「語調（Tone）」とは、文字通り「語の調子」です。「語気」とも言います。例えば、日本語で「語気を強める」という表現があります。同じ内容を伝えるにしても表現次第では「言い方がキツすぎる」あるいは「慇懃無礼（他人行儀）」であるといった印象を相手に与えることになります。適切な「丁重さ」の度合いは、発信者と受信者との関係や親しさに依存します。つまり、外部の状況（TPO）に依存することが多く、紋切り型（ステレオタイプ）の絶対解がありません。

　筆者の経験上、日本人はどちらかと言えば「慇懃無礼（他人行儀）」に思われて失敗するパターンが多いように思います。つまり、外国人の視点から見ると、一緒に仕事をしている時間が長いのにもかかわらず、いつまで経っても、態度がヨソヨソしい（距離感を置かれている）ように思われてしまうということです。

　後の章で詳述しますが、英語にも丁寧表現があるのですが、あまりに丁寧さの度が過ぎてしまうと、この"ヨソヨソしい"感を相手に感じさせてしまう恐れがあります。そう感じさせないためのコツとしては「相手が自分に対して用いる表現の丁寧さの度合い」に自分もオウム返しのように合わせていくという手があります。そうすれば、少なくとも、相手と同等の表現を用いることになるので、相手の気分を害するリスクが減るでしょう。

　1つだけ確実に言えることは、状況がどうであれ、命令的で強く要求されると、相手をいらだたせ、侮辱することになるので要注意です。これは日本人も外国人も同じだと思います。

2　表題(Title)

　「表題 (Title)」とは、文章の"顔"となります。文章のアピール力は表題次第です。表題が目を引かないと、本文を読んでもらえない恐れがあります。筆者が海外エンジニア（特に米国人）とコミュニケーションしていて気付いたのですが、外国人は日本人より"せっかち"です。むしろ、国際標準で考えると、日本人は気が長すぎる（悠長すぎる）のでしょう。

　例えば、シリコンバレーの米国人と会話していると、前置きよりも結論を急かされることになります。メールのやり取りに至っては、表題の書き方を工夫しないと、相手の興味関心を少しでも引かない限りは、完全に無視されることになります。日本人の感覚（常識）ならば、興味関心を引かなかったとしても一読くらいはしそうですが、米国人の場合は「完全無視」です。当然、返信もきません。返信が来ないと話が先に進まないので、やむを得ず、電話をかけて催促して、ようやくメールを（渋々）読んで貰えるといった有様です。だったら、最初から電話で話を片付けていれば、もっと早く済んだのにと思うことも度々です。

　過去の私がこんな失敗をしたのも表題の付け方を軽視していたからでしょう。相手に本当に読んで欲しいメールであるならば、内容を読む価値があると相手が認めるような表題を付ける必要があります。特に、多忙（有能）なエンジニアほど雪崩のようなメールが毎日押し寄せることになるため、表題のみで内容を概ね理解できる位にしておかないと、メールを詳細に読む暇がないです。ちなみに、個人事業主（フリーランス）の筆者のメールボックスにはメールが毎日 100～200 通ほど届いているのですが、メーラーの表題の一覧だけ眺めて、読む価値がありそうなメールしか開封しない運用としています。なお、SPAM メール（迷惑メール）はメーラーが自動的に受信拒否してくれます。SPAM メールを除いたとしても、100～200 通ほどになるのです。実際に読むのは、届いたメールのうち 10 % ほ

第2章 「英語」の前にまずは「日本語」で

表1 表題の付け方のコツ

3C	説明
Concise	専門外の素人でも分かる表現を使う。調べないと分からないような専門用語や業界用語の使用は極力避ける。「表題すら分からなければ、内容はもっと分からない」ということで読者から敬遠される恐れがある。
Clear	成果を具体的な数値で明確にする。意味合いが曖昧な副詞は使わない。例えば、「他社と比べて"凄く"高性能」といった表現では、性能が具体的にどれ位高いのか不明である。
Correct	本文と内容に矛盾がないようにする。ごく当たり前ではあるが、「名が体を表していない」文書が多いのが実情である。特に、インターネット上のニュース記事は購読数を稼ぐためだけに読者を"釣る"ような表題（内容とほぼ無関係）が付けられていることが多い。

どです。

　私のようなズボラな人間に本文を読ませるだけのアピール力が強い表題の付け方のコツは「キャッチコピー（advertising slogan）」を作成するコピーライティング（copywriting）に通じます。**表1**に示すように、重要なのは 3C（Concise、Clear、Correct）です。

　ドキュメントをインターネット（Web）上に公開することに備えて、SEO（Search Engine Optimization：検索エンジン最適化）を考慮する必要も出てきました。SEO の詳細に関しては、本章の章末コラムを参照してください。

3 アブストラクト・要旨（Abstract、Summary）

　「アブストラクト（Abstract）」や「要旨（Summary）」（以下「要旨」と総称します）とは、文章を簡潔にまとめた要約です。ビジネス文章の場合、"Executive Summary" と呼ばれます。一般的に、本文の 10 ％以下

の分量（300 wordsほど）が好ましいです。論文の場合、要旨の方が本文よりも参照される頻度が圧倒的に高いです。大多数の読者は文頭に書かれた要旨をチェックして、本文を読む価値があるか否かを判断します。

　先述したとおり、日本人と違い欧米人は極めて"せっかち"であり、長文を読むのを忌避します。筆者の所感として、我慢（忍耐）強い日本人とは異なり、欧米人は最後まで我慢するということをしません。例えば、長ったらしい文章を、日本人であれば一応は最後まで読むでしょうが、欧米人は「最初の一段落」くらいしかマトモに読みません。むしろ、表題の場合と同様に「最初の一段落」で全文を読む価値があるか否かを判断しているということでしょう。"せっかち"な欧米人が癇癪を起こさずに読み切れる文章量が、まさに「本文の10％以下の分量（300 wordsほど）」なのです。

　以上をまとめると、文章を的確に要約する能力は必須です。しかも、的確に要約するだけでなく、文頭の要旨しか読まない読者が多いことを考慮すると、この要旨だけで本文のエッセンスを全て伝えきる覚悟が必要です。加えて、要旨に関しても「表題」と同様に、SEOを考慮する必要があります。

4　構成（Structure）

　本節での「構成（Structure）」とは、文章レベルの「構成」を指すこととします（なお、文章を細かく分割した最小単位である文レベルの「構成」と言えば、いわゆる「五文型（S、V、O、C）」となります）。例えば、文章の組み立て方として「起承転結」が有名であります。しかし、小説などのストーリーを除き、「起承転結」は一般的な文章の作成に適さない構成です。

技術文書として無難なのは下に示す構成です。

> **POINT** 技術文書の論理展開
>
> ● 導入→本論→結論
> ● 結論→結論に至る根拠の説明

　一番無難なのは、前者の「導入（Introduction）→本論（Main body）→結論（Conclusion）」という構成です。「起承転結」と比べると「転」に相当する箇所が無い訳です。小説などの場合は話を盛り上げる必要があるため、文章の構成に「ひとひねり」を加える必要があります。換言すれば、話の展開の先読みが簡単すぎると読者が白けてしまうため、話の流れを敢えて難しくする必要があります。しかし、技術文書や論文ではそんな「ひとひねり」は一切不要なので、最初から最後まで首尾一貫した文書の構成が望ましいのです。

　あるいは、欧米に多い文書構成のパターンは、後者の「結論（Conclusion）→結論に至る根拠の説明（Reasoning）」という構成です。欧米人が"せっかち"だと言いましたが、その"せっかち"さ故に、欧米人が好むのがこの「結論を最初に言い切る」パターンです。対して、日本人は「結論は最後まで置いておく」パターンに慣れきっているため、この「結論が最初」パターンに戸惑うことが多いようです。結論だけ言うのでは説得力に欠けてしまうため、その結論に至った経緯や根拠は結論の後に説明することになります。

　文章の構成を検討する際には、図1に示すとおり、「演繹法」と「帰納法」というコンセプトも考慮するとよいでしょう。

　「演繹法」というのは、いわゆる「三段論法」です。

　図2に示す「ソクラテス」の例えが有名です。

　図2においては「ソクラテスは人間である」ということが大前提（一番根底のルール）となっています。ここで「ソクラテスは必ず死ぬ」という

4 構成（Structure）

演繹法と帰納法

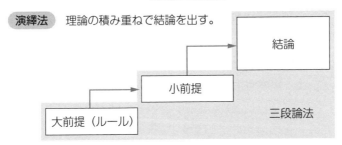

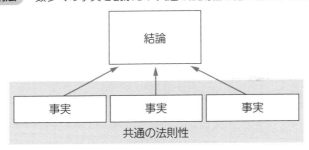

図1 「演繹法」と「帰納法」

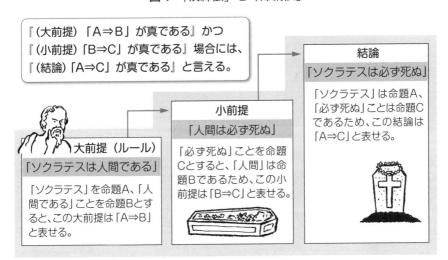

図2 「演繹法」の考え方

結論を主張したい場合は、「人間は必ず死ぬ」という小前提が真である（成立する）ことを証明できればよいことになります。

「演繹法」は論理の積み重ね（喩えるならば「論理のドミノ倒し」）ですが、図3に示すように「帰納法」は事実の積み重ねとなります。

図3においては、観察された事実全てに共通する法則性として「Aさん」「Bさん」「Cさん」…「XXXさん」という人間が全て死んだことから、「人間は必ず死ぬ」と結論づけています。

「演繹法」と「帰納法」の使い分けですが、表2に示すとおり、各々にメリットとデメリットがあります。

「演繹法」は理論の積み重ねであることから学術研究の思考法であり、「帰納法」は事実（経験則）の積み重ねであることからビジネスの思考法であると言われています。エンジニアリングの世界で用いる技術文書は「帰納法」的なアプローチで書かれることが多いです。「帰納法」のデメリットである「観察した事実の偏り」に注意しないと、「事実を前提に導出

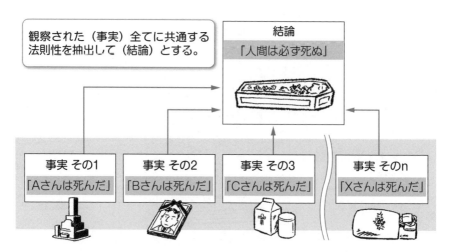

図3　「帰納法」の考え方

表2 「演繹法」と「帰納法」のメリットとデメリット

	演繹法	帰納法
メリット	● 仮定の検証を厳格に行うため、結論の説得力が強い。 ● 結論の適用範囲が汎用的である（特定の事実に依存するのではないため）。	● サンプリングした事実に基づいて、結論を手短に出せる。 ● 結論の妥当性は事実の蓄積が実証してくれる。
デメリット	● 大前提が誤りだと、大前提を根拠にしている小前提や結論も誤りとなる。 ● 全ての仮定を検証する必要がある（一つでも仮定が破綻すると全てが崩れ去る）。	● 結論があくまでも統計的な推論にしか過ぎない。 ● 前提とする事実が偏ってしまうと、結論も歪んでしまう。

される結論」が歪んでしまうリスクがあります。

5 詰め込みすぎず、シンプルに

（筆者もよくやりがちなミスですが）「何でもかんでも詰め込みすぎず、シンプルにする」ことを心がけましょう。この心がけを実践するためには、次の項目に留意するとよいです。

> **POINT　文章をシンプルにするコツ**
>
> ● 1文は1つの考えに絞る
> ● 1段落は1つの話題に絞る

　ここで、上に示した「文」や「段落」といった文章の構成単位を整理しましょう。英語の文章の構成単位はレベル別に明確に区分されています。その階層構造を示すと、**図4**のようになります。

第2章 「英語」の前にまずは「日本語」で

まず、最小（基本）の構成要素となるのが「文（Sentence）」です。1つの「文」の区切りは「文頭から文末のピリオド（.）まで」です。視覚的には「ピリオド（.）」で判断できます。「文」の次は「段落（Paragraph）」という構成単位になります。1つの段落は複数の文で構成されています。通例、1つの段落で述べるべき「話題（Topic）」は1つのみです。視覚的には「段落」は固まったブロック（複数の文の塊）として表現されます。「段落」の次は「節（Section）」です。1つの節は複数の段落で構成されています。節と節の区切り目は、通例、節の「見出し」を付けることで区別します。「節」の次は「章（Chapter）」です。1つの章は複数の節で構成されています。章と章の区切り目は、通例、章の「見出し」を付けることで区別します。そして、最大の構成要素が「文章（Document）」です。1つの文章は複数の章で構成されています。以上を整理すると、一般的な文章の目次は「章」と「節」という2種類のレベルで構造化されていることになります。

文章の構成単位の中でも、特に重要なのが「段落」です。図5に示すとおり、段落の中の文は「トピック文（Topic sentence）」と「支持文（Supporting sentence）」の2種類に大別されます。

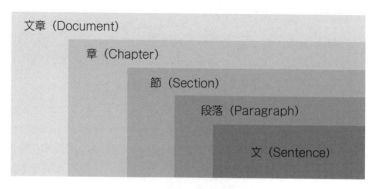

図4　文章の階層構造

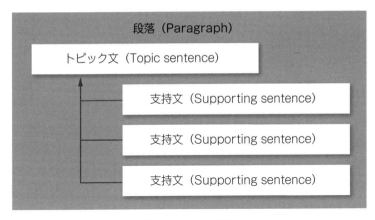

図5 段落の構造

　一般的に「トピック文」は段落の最初に書かれます。「1段落(Paragraph)につき1話題(Topic)」ですので、この段落の話題(結論)を端的に記す一文である「トピック文」を段落の最初の一文として書きます。段落の残りの文は支持文です。支持文とは「話題を支持する文」すなわち「話題の前提となる論拠、経緯、条件、背景などの付随情報を記す文」です。

　ここで読者に是非挑戦してみてほしいことがあります。図5に示したとおり、英語の文章の一般的な作法として「トピック文は段落の最初の一文である」というルールがあることから、トピック文は視覚的に見分けがつきやすいです。この性質を利用して、ご自身が仕事でよく使う英語の技術文書を紙に印刷して、**表3**に示すトレーニングをしてみましょう。

　文書の要旨の重要性は既に述べましたが、日本人が書く英語の文章には要旨が記載されていないものが少なくありません。せっかく素晴らしい内容の文章を書いたのにもかかわらず、要旨を書かなかったせいで敬遠されて誰にも読まれなければ意味がありません。表3に示すトレーニングを行うことで、英文読解と英作文(要旨の作成)のトレーニングができて一石二鳥です。

表3　トピック文に基づいて要旨を作成するトレーニング法

順番	作業内容
1	段落ごとに最初の一文に蛍光ペンを引いて目立たせる。
2	全ての段落に関して蛍光ペンを引き終えると、文書のトピック文を全て抽出したことになる。全てのトピック文を通読して、トピック文の内容を一通り（大雑把に）頭に入れる。
3	重要そうなキーワードをトピック文から抜粋していく。
4	トピック文（抜粋したキーワード含む）をスクラップのように切り貼りすることで、文書の要旨をまとめるようにする。要旨としては「本文の10％以下の分量（300 wordsほど）」が望ましい。しかし、全てのトピック文を（縮約せずに）そのままコピーしただけではこの分量を超過するであろう。
5	要旨として相応しい分量にまでダイエットできたら、文書の要旨の完成である。この際、要旨には必要不可欠なキーワード全てを盛り込むことが重要である。

6　論理展開

いかなる種類であっても、文章を書くにあたり「論理展開」を考慮する必要があります。その際には、次の項目に留意するとよいです。

> **論理展開のポイント**
>
> ① 総論から各論へ
> ② 主張と証拠
> ③ 因果関係

① 総論から各論へ

　一般的な文章の流れは、全体の概要を大雑把に示す「総論」を記述して、次に、具体的な詳細を述べる「各論」を記述することが多いです。

　総論と各論を整理すると表4のようになります。

表4　「総論」と「各論」

総論	普遍的に通用する一般的な話。（抽象的）
各論	ある一定の条件下に特化した話。（具体的）

　言い換えると、総論は「一般論」、各論は「具体論」です。読者に内容を理解してもらうためには、総論（抽象的な理論）をまず述べた後に、具体的なイメージが湧きやすいように各論（具体的な事例）を述べる必要があります。

　図6に示すとおり、「乗り物」を例に挙げて説明しましょう。

　「乗り物」は抽象的な概念です。「乗り物」と言っても「車」「飛行機」「船」等の様々な種類の「乗り物」が考えられます。更に「車」といっても「乗用車」「バス」「トラック」等の種類が色々あります。更に言うと、「車」の「メーカー」やそのメーカーが販売している「車種」というように、「乗り物」という概念はブレークダウン（細分化、具体化、詳細化）していくことができます。

　「総論」と「各論」は両輪の輪であり、どちらか片方だけではバランスが悪いです。「総論」のみでは具体性や実現性に乏しいですし、「各論」のみでは汎用性や普遍性に欠けるからです。

② 主張と証拠

　文章を書くのであれば、その文章を書く目的、すなわち「主張」があっ

第2章 「英語」の前にまずは「日本語」で

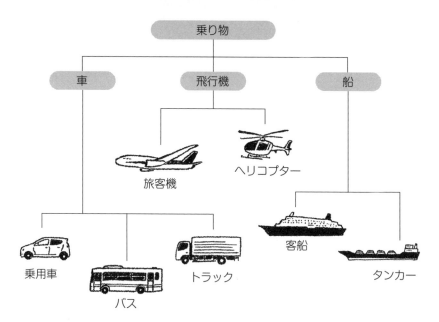

図6 「乗り物」の具体化

て然るべきです。ただし、「主張」を一方的に述べるのみでは、その主張の妥当性が担保できません。すなわち「説得力」に欠けます。よって、「主張」する内容の妥当性を担保する客観的な証拠も明示することが必要です。分かりづらい文章の特徴として「主張したいことが明確でない」ということがあります。次に、主張が明確であっても、その主張の「証拠が明確でない」ということもあります。

　自分の主張が説得力を持ちうるかを自分で検証するには、図7に示す「三角ロジック」を用いると良いです。

　「三角ロジック」の趣旨は「己の主張を通すには客観的データと理由付け（論拠）が必要である」ということです。例えば、図7に示した例では「窓を開けた方がいい」というのが己の「主張」です。その主張を通す（＝「窓を開ける」ように他人を説得する）には「データ」と「ワラント（理由

6 論理展開

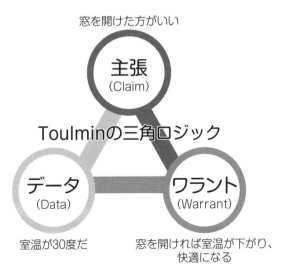

図7 「三角ロジック」の概要図

付け、論拠)」の2つが必要だという訳です。データとしては「室温が30度Cだ (＝気温が高い)」という客観的な事実を述べています。ただし、データと主張を示すのみでは、「室温が30度Cだ」というデータが「窓を開けた方がいい」という主張にどう関係しているのか不明です。そこで、そのデータと主張をつなぐ理由付けとして、「窓を開ければ室温が下がり、快適になる」というワラントを提示しています。

　己の意見を主張する目的の文章を書く場合は「三角ロジック」を常に意識して、「主張」「データ」「ワラント」の三本柱が欠けていないかチェックしましょう。

③ 因果関係

　物事の全ての「結果」には、その「原因」があります。自然界において「何の原因もなく結果だけが生じる」というのはあり得ません。この関係を「因果関係」と言い、数学の論理学で言えば「A⇒B」という命題です。

仏教的には「因果応報」とも言います。

　「結果のみを書いて、その原因に言及しない」という事態は避けたいです。あるいは、「因果関係が本当に成立しているか？」という検証も必要です。「真の原因でないものを原因だと思い込んでいる」という誤謬はありがちです。

　例えば、混同されがちなのですが「因果関係 ≠ 相関関係」です。この「因果関係 ≠ 相関関係」を示す好例として「食べれば食べるほど死ぬ確率が上がる食べ物」という話があります。「今までの人生で白米を食してきた累計量」と「白米を食した人が死ぬ確率」は正の相関関係にあると言えます。つまり、「白米を食する累計量」がアップするにつれて「人が死ぬ確率」がアップしているように見えるということです。しかし、（毒入りの白米でない限りは）「人が白米を食す」ならば「人が死ぬ確率が上がる」という因果関係は成立しません。「人が死ぬ確率が上がる」という結果の原因は「人が白米を食す」からではなくて「人が長く生きるほど老衰で死ぬ可能性が高まる」からです。更には、一般的な食生活の日本人であれば「長く生きるほど、白米を食する累計量は増加する」のは必然です。これらの重大な事実を見落としてしまうと、「白米を食する累計量」と「人が死ぬ確率」の間の関係性を致命的に見誤ることになります。

7 「読者像（聴衆像）」を事前に想定する

　日本語にしろ、英語にしろ、文章を書こうとするならば、読者（聴衆）の像を事前に想定しておくのは重要です。考慮すべき観点は多いですが、重要なポイントを表5に挙げます。

　表5に列挙している観点は一見当たり前のように思えるかもしれません。しかしながら、特にエンジニアのような専門家は読者（聴衆）の知識レベ

ルを見誤ってしまい、結果として、読者（聴衆）が理解不能なマニアックな話に終始してしまう事に陥りがちです。せっかくの仕事を自己満足で終わらせないためにも、最低限、表5に列挙した観点は事前にチェックするようにしましょう。

表5　読者（聴衆）像を事前に想定する際のポイント

観点	説明
デモグラフィック属性	読者（聴衆）の人口統計学的属性である。 (性別、年齢、居住地域、収入、職業、学歴など)
知識レベル	特に、専門知識のレベルに留意する。専門家の話は暗黙の前提知識が多いため、一般の素人にはチンプンカンプンとなる恐れがある。
読者（聴衆）のニーズ	「読者（聴衆）が求めているものは何か？」と自問自答する。
読者（聴衆）の人数規模	人数が増えるほど、各人の嗜好にバラツキが生じることとなる。マニアックな話をやりづらくなる。

8　自分の作品は、必ず、通しで音読する

　筆者が強く推奨するのは「自分の作品（英作文）は音読してチェックする」ことです。「第8章　英語プレゼンテーション 虎の巻」でも後述しますが、特に、英語プレゼンテーションの原稿を作成する場合は、面倒くさく（恥ずかしく）感じるかも知れませんが、原稿全てを必ず音読しましょう。

　音読してみると、リズム感が悪くなったり、発話が詰まったり、記述に何となく違和感を覚えたりする箇所が出てきます。このような問題は、黙読では見つけられない場合が多いです。余力があるならば、音読の内容を録音して、自分で聴き直してみるという方法もあります。録音した音声の

第2章 「英語」の前にまずは「日本語」で

みに耳を傾け、目をつむり、話している内容にイメージが湧くか否かをチェックします。前述した「メラビアンの法則」（人間が言語データから得る情報はたったの7％）ということもあり、記述内容そのものも大事ですが、そもそも、「その記述内容は聴衆が聞き取りやすい書き方か？」に気をつける必要があります。「音読」というのはシンプルなテクニックではありますが、筆者の経験を振り返っても、特にプレゼン用原稿に関しては効果が絶大だと言えます。

SEO
(Search Engine Optimization)

　最近、IT業界で急浮上しているキーワードが「SEO」です。SEOとは「Search Engine Optimization」の略称でして、日本語では「検索エンジン最適化」と呼びます。「検索エンジン」というのは、読者がご存知の「Google」や「Yahoo!」等のWeb検索サイトのことです。近年のマーケティングでは、自社製品がこの検索エンジンの検索結果の「上位」（できればトップ）に表示されるか否かが生死の分かれ目となりつつあります。自社製品を検索結果の「上位」に押し上げるための方法論が「SEO」となります。厳しい言い方をすれば、検索エンジンの検索にヒットしないような製品やサービスは、開発の時間やコストをどれだけ費やしたとしても、この世に存在していないのに等しいのです。

　検索エンジンの重要性が飛躍的に増してきた背景として、次ページに示すように、一般的な消費者の行動モデルが変化してきたことが挙げられます。従来のAIDMAとは異なり、新型のAISASでは「検索（Search）」が実際の「購買（Action）」の引き金となっているのです。
　と言うことは、「検索（Search）」に引っかからなければ、次の「購買（Action）」にはつながらないことを意味します。

第2章 「英語」の前にまずは「日本語」で

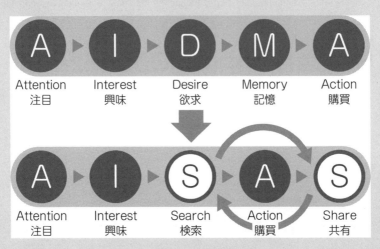

AIDMA から AISAS へ

　本章では「表題」や「要旨」の重要性を説きました。実は、検索結果を表示する順位を決定する仕組み（検索アルゴリズム）において、検索エンジンが優先的に解析しているのは、Web上に公開された文書の「本文」ではなくて、第一に「表題」、第二に「要旨」だと言われています。検索エンジンの処理能力も無限大ではないことから、Webコンテンツの解析処理を効率化するために、文書の内容を端的に記しており本文より解析量が少なくて済む「表題」や「要旨」を優先的に解析するということです。つまり、検索エンジンに"気に入られる"ように「表題」や「要旨」の書き方をブラッシュアップしなければ、どれだけ本文を作り込んだとしても、検索エンジンから"無視"されることになります。

よって、「表題」や「要旨」のブラッシュアップはSEOの一種だと言えるのです。検索エンジン全盛期だからこそ「表題」や「要旨」の重要性が高まっていることを理解しましょう。

# 第3章

「受験英語」は全ての基礎

　日本人の英語嫌いを生み出している諸悪の元凶は「受験英語」であると言われています。しかし、筆者に言わせれば、日本人が英語をマスターできない理由は「受験英語を軽んじているから」です。特に、日本人が弱いのは「英文法」の知識です。英文法力は、英語の基本4技能（Reading、Writing、Listening、Speaking）に直結しています。よって、英語の「学び直し」の意味も込めて、本章では「受験英語」のポイントについて解説します。

1 語彙

　英語に限らず、他の言語でもそうですが、全ての土台となるのは「語彙（vocabulary）」です。ただ丸暗記するだけでなく、いつでもどこでも瞬時に活用できる生きた語彙でなければ意味がありません。筆者は「語彙力は全ての基礎である」と考えています。具体的に言うと、英語力は次のような構図になっています。

第3章 「受験英語」は全ての基礎

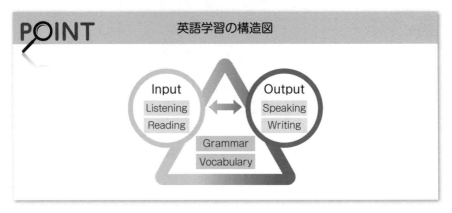

一番底辺（土台、基礎）となっているのが「Vocabulary（語彙）」です。その上に積み重なるのが「Grammar（文法）」となります。更に、その上は「Input」系と「Output」系に枝分かれしています。「Input」系は「Reading（読解）」の上に「Listening（聞き取り）」があり、「Output」系は「Writing（作文）」の上に「Speaking（発話）」があります。

この関係性を具体的に考えると「不明な単語が出てくる英文を読解しても理解不能である」し、「理解不能な英文は聞き取ろうとしても意味が分からない」のは明らかでしょう。あるいは、「自分が知らない単語は英作文に使えない」し、「英作文できないような英文を口から話せない」のも明らかでしょう。以上を考えると、「単語力が英語力の基礎である」と言っても過言では無いです。

他にも参考までに、実用英検の合格に必要だと言われる語彙の数を**表1**に示します。

随分と厳しい話ですが「英検1級レベルの語彙力でも、欧米の一流大学院への留学試験に苦戦する」というのが現状です。TIMEやNewsweekを辞書無しで読める語彙力レベルは10,000語（英検1級レベル）と言われています。英検1級ホルダーの筆者の実感として、新聞や小説などは英検1級レベルでないと読解が厳しいように感じます。自明の前提ですが、全く知らない単語は読んでも不明だし、リスニングしても聞き逃すし、英

1 語彙

表1 実用英検の合格に必要な語彙数[1]

級	推奨目安	必要な語彙数
1級	大学上級程度	10,000〜15,000語
準1級	大学中級程度	7,500〜8,000語
2級	高校卒業程度	約5,000語
準2級	高校中級程度	約3,600語
3級	中学卒業程度	約2,100語
4級	中学中級程度	約1,300語
5級	中学初級程度	約600語

作文で使えないし、会話時に話せません。つまり、4技能で全滅する訳です。

昨今、「英語の詰め込み教育」の弊害がうんぬんされますが、筆者の持論では「日本の英語教育は、実践可能なレベル（量）の知識を詰め込めていない」です。英語では学習塾を"cram school（詰め込み学校）"と訳します。スポーツにしろ、芸道にしろ、師匠のお手本を自分に詰め込みきって、ようやく一人前です。語彙力強化（Vocabulary building、通称、ボキャビル）に関しては「学問に王道なし（There is no royal road to learning）」と言えます。強いて言うならば、語彙力強化のために、筆者は次に示す手段をとりました。

筆者の語彙力強化の手段

・英文を乱読多読して、不明な単語を愚直に調べる。
　Kindleの電子書籍では、英単語を簡単に調べられる。
・ゲーム感覚（gamification）で学ぶ。
　語彙力テストのWebサイトやスマホアプリを使う。
・単語帳を購入して、反復学習を継続する。
　単語帳は自分の目的と感性に応じて選別する。

・日本語を起点として考える。
「アレを英語ではどう言うか？」を調べてみる。

英語学習に関しては、「ネイティブ関西人」の筆者は他にも色々と工夫しました。詳細は 第9章　お薦めの英語の勉強法 で紹介します。

2　五文型

英文読解（Reading）にせよ、英作文（Writing）にせよ、英文の構造をしっかりと把握することが重要です。この英文の構造に関する基礎的な概念が「五文型」となります。義務教育（中学校）の英語の授業で真っ先に習うような英文法知識であるため、日本人は五文型を軽視しがちです。しかし、英文を誤読したり、支離滅裂な英文を書いたりする日本人エンジニアを筆者が見てきた限りでは、この中学生レベルの五文型で既につまずいていることが多いのが実情なのです。

五文型の概要

英文法の授業で真っ先に出てくる五文型です。一番基本かつ重要であるからこそ、真っ先に出てくるのです。英文の構造の基本は次の5パターンに集約されます。

2 五文型

文の構成要素であるS、V、O、Cの説明は次のとおりです。

第3章 「受験英語」は全ての基礎

補語（Complement）
Sを説明する内容。

修飾語句（Modifier）
S,V,O,Cを修飾する内容。あくまでも脇役。

　S、V、O、Cは文の主要な構成要素です。それに対して、MはS、V、O、Cを修飾する脇役のような存在です。Mは除去しても完全な文が成立します。しかし、S、V、O、Cは除去してしまうと文としては不完全となります。

動詞の種類

　動詞には様々な種類があります。動詞の種類分けを次に示します。

―――― 動詞の種類 ――――
・「be動詞」と「一般動詞」
・「自動詞」と「他動詞」
・「完全動詞」と「不完全動詞」
・「動作動詞」と「状態動詞」
・「完結動詞」と「非完結動詞」

「be動詞」と「一般動詞」の違いは次のとおりです。

―――― be動詞と一般動詞 ――――
・be動詞　⇒　日本語にない概念。詳細は後述する。
・一般動詞　⇒　be動詞以外の一般的な動詞。

「自動詞」と「他動詞」の違いは次のとおりです。

---- 自動詞と他動詞 ----
・自動詞　⇒　目的語をとらない
・他動詞　⇒　目的語をとる

「完全動詞」と「不完全動詞」の違いは次のとおりです。

---- 完全動詞と不完全動詞 ----
・完全動詞　⇒　補語をとらない
・不完全動詞　⇒　補語をとる

「自動詞と他動詞」と「完全動詞と不完全動詞」に示した動詞の種類の呼称は組み合わされることもあります。例えば、「補語をとらない」かつ「目的語をとらない」動詞は「完全自動詞」と呼ばれます。

「動作動詞」と「状態動詞」の違いは次のとおりです。

---- 動作動詞と状態動詞 ----
・動作動詞　⇒　動作を示す。進行形（~ing）にできる。
　（arrive、come、die、drink、drive、eat、get、go、jump、leave、play、read、start、stay、wait、write）
・状態動詞　⇒　状態を示す。進行形にしない。
　（believe、belong、know、like、love、see、smell、think）

この「動作動詞」は、更に、「完結動詞」と「非完結動詞」に分類されます。「完結動詞」と「非完結動詞」の違いは次のとおりです。

第3章 「受験英語」は全ての基礎

完結動詞と非完結動詞

・完結動詞 ⇒ 動作の完結を表す動詞のことであり、進行形にした場合は反復などの意味を表す。ある時点を表す at と共起がしやすい。
(arrive、come、die、get、go、jump、leave、start)

・非完結動詞 ⇒ 完結を表さないため、進行形にした場合はある程度の継続的な動作を表す。期間を表す for との共起がしやすい。
(drink、drive、eat、play、read、stay、wait、write)

五文型を理解するためには、以上に示した「動詞」の種類の知識を押さえる必要があります。

第1文型

第1文型の概要を**図1**に示します。

第1文型は「SはVする。」という和訳が基本です。Vは「完全自動詞」となり、OやCをとりません。Mが長くなり、意外と一文が長くなる場合もあります。

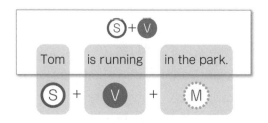

図1　第1文型

第2文型

第2文型の概要を**図2**に示します。

第2文型は「SはCである。」という和訳が基本です。つまり、「S＝C」

という関係性が成立します。Vは「不完全動詞」となり、Cをとります。このVには「be動詞」が使用されることが多いです。「be動詞」自体に意味はありません。日本人の悪癖として、「be動詞」が出てくると半ば条件反射で「～です（～でした）」と直訳してしまいます。例えば、"I am Bando."（私は坂東**です**）のbe動詞である"am"が日本語の「～です」に直接対応しているように思いがちなのですが、実際には、この"am"自体に意味はありません。

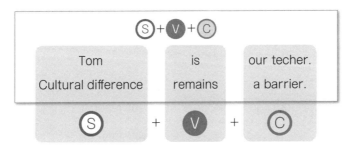

図2　第2文型

第3文型

第3文型の概要を**図3**に示します。

第3文型は「SはOをVする。」という和訳が基本です。Vは完全他動詞となり、Oをとります。「S≠O」という関係性が成立します。

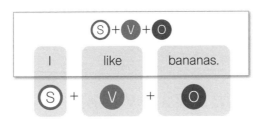

図3　第3文型

第2文型と第3文型との見分け方

　構造が外見上似ているために判別が紛らわしい第2文型と第3文型の見分け方を解説します。まずは、**図4**の2つの英文を眺めてみてください。

　図4の英文の文型が第2文型と第3文型のどちらかを見分けるには、Sと「Vの直後の箇所」を見比べます。「Vの直後の箇所」がSと等しければC（第2文型）となり、等しくなければO（第3文型）となります。例えば、図4の英文の例では、上の英文は「Tom＝our teacher」の関係性が成り立つので第2文型となります。下の英文は「Tom≠our teacher」の関係性が成り立つので第3文型となります。

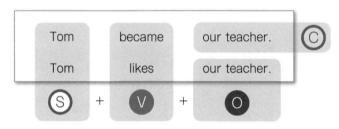

図4　第2文型と第3文型の見分け方

第4文型

　第4文型の概要を**図5**に示します。

　第4文型は「SはIOにDOをVする。」という和訳が基本です。1つの文中にOが2つ出てきます。DO（直接目的語）はVの動作の直接的な対象となります。IO（間接目的語）はVの動作が間接的に作用する対象です。「IO≠DO」という関係性が成立します。

第4文型から第3文型への変換

　第4文型は第3文型に変換することができます。第4文型から第3文型

2　五文型

図5　第4文型

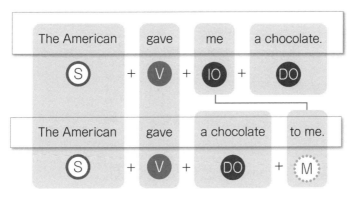

図6　第4文型⇒第3文型への変換

への変換を図6に示します。

　IO（間接目的語）に然るべき前置詞を付加して、M（修飾語句）とします。例えば、図6において、上の英文（第4文型）は下の英文（第3文型）に変換されました。この変換に伴い、下の文の「to me」の箇所はMになります。この「to me」の箇所はMなので省略可能であり、省略後の"The American gave a chocolate."という英文は完全な文として成立することになります。

第5文型

第5文型の概要を図7に示します。

第5文型は「SはOをCにVする。」という和訳が基本です。1つの文中にSVOC全てが出てきます。Vは「不完全他動詞」です。Cは目的語に対する補語に相当し、目的格補語と呼ばれます。「O＝C」という関係性が成立します。

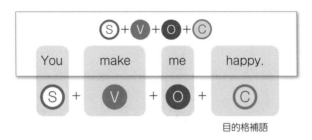

図7　第5文型

第4文型と第5文型との見分け方

構造が外見上似ているために判別が紛らわしい第4文型と第5文型の見分け方を解説します。まずは、図8の2つの英文を眺めてみてください。

図8の英文の文型が第4文型と第5文型のどちらかを見分けるには、Oと「Oの直後の箇所」を見比べます。「Oの直後の箇所」がOと等しければC（第5文型）となり、等しくなければDO（第4文型）となります。例えば、図8の英文の例では、上の英文は「me≠chocolate」の関係性が成り立つので第4文型となります（仮に「me＝chocolate」だとしたら「私＝チョコレート人間」になってしまいます）。下の英文は「me＝Dice-K」の関係性が成り立つので第5文型となります。余談ですが「Dice-K」というのは筆者の名前である「大輔（Daisuke）」のニックネームです。どうやら、欧米人にとって「大輔（Daisuke）」という綴りは発音が困難であ

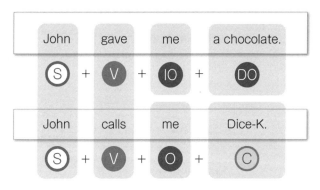

図8　第4文型と第5文型との見分け方

るらしく、「Dice-K（ダイスK）」という発音しやすい名称に置き換えられています。あの「松坂大輔」氏も「Dice-K」と呼ばれていたそうです。

3 時制

　英語は日本人が思っている以上に、時制にシビアな言語です。日本人が英文法で誤るのも時制が絡む話が多いです。日本人にとって英語の時制が難解に感じる理由は、日本語の時制の表現が非常に曖昧だからです。例えば、次の和文を読んで、どう解釈するでしょうか。

―――――― 曖昧な和文（その1）――――――
「彼はシリコンバレーに**行った**。」

　過去のある時点の話を指しているかもしれませんが、次に示すように2通りの解釈ができないでしょうか。

> **2通りの解釈**
> ・「彼はシリコンバレーに<u>行ってしまった</u>。」（完了）
> ・「彼はシリコンバレーに<u>行ったことがある</u>。」（経験）

時系列の解釈がもっと困難な和文としては、次が挙げられます。

> **曖昧な和文（その2）**
> 「彼はシリコンバレーに<u>行った</u>。」と私は<u>言った</u>。

　この和文において「彼のシリコンバレー行き」と「私の発言」の時系列はどうなっているのでしょうか。次のように色々と解釈が分かれてしまいそうです。

> **「彼のシリコンバレー行き」と「私の発言」の時系列**
> ・「彼のシリコンバレー行き」と「私の発言」は、ほぼ同じタイミング？　それとも、「彼のシリコンバレー行き」の方が大昔の話？
> ・彼はシリコンバレーに居るか？　それとも、日本にもう帰国したのか？

時制の種類

　実は、英語の時制はバリエーションが豊富でして、**表2**に示すように、全部で12種類あります。
　表2のように12種類も並べられてしまうと圧倒されてしまいそうになりますが、実は、英語の時制には一定の法則性があります。英語の時制の考え方を次ページに整理しました。

3 時制

表2 英語の時制の一覧

#	分類	時制
1	過去	過去形
2		過去進行形
3		過去完了形
4		過去完了進行形
5	現在	現在形
6		現在進行形
7		現在完了形
8		現在完了進行形
9	未来	未来形
10		未来進行形
11		未来完了形
12		未来完了進行形

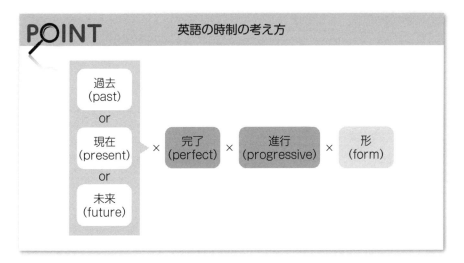

POINT　英語の時制の考え方

　まず、一番大きな括りは「過去⇒現在⇒未来」です。次に、「完了形か否か？」の二択と「進行形か否か？」の二択に応じて、最終的な時制が決定されます。「完了形」の1つとして「現在**完了**形」(present **perfect** form)

がありますし、「進行形」の1つとして「過去**進行形**」（past **progressive** form）があります。「完了形」かつ「進行形」と言う場合もあります。例えば、「現在**完了進行形**（present **perfect progressive** form）」が該当します。つまり、「過去/現在/未来」（3通り）と「完了形か否か？」（2通り）と「進行形か否か？」（2通り）という3つの変数の掛け算になっています。3つの変数を掛け算すると（3通り）×（2通り）×（2通り）＝計12通りとなり、英語の時制は「12種類」となる訳です。

英語の時制の種類は前ページの図で覚えて頂くとして、各々の時制がどういった時間軸を指すのかを理解することが重要です。時制を理解する際のポイントは、次に示す「時系列の数直線」です。

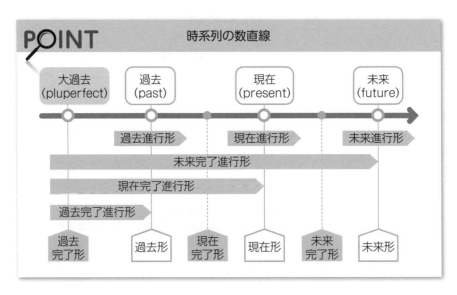

時制の話は言葉で覚えようとすると混乱するため、上のように時間軸を「見える化」してイメージしましょう。大雑把には「xxx進行形」は「ベクトル」を指し、それ以外の時制は「点」を指すと覚えましょう。「ベクトル」はある特定の時点を「またいでいる」イメージであり、「点」は文字通り、ある特定の時点を「ピンポイントで指している」イメージです。例え

ば、「現在完了形」であれば「現時点に至るまでのある時点を"ピンポイント"で指す」イメージですし、「過去進行形」であれば「過去のある時点を"またいで"延びている」イメージです。

各々の時制の詳細を解説します。

現在形

「現在形」は現在の習慣や普遍的な事実を示します。動詞の原形を用います。「三単現（三人称・単数・現在）のs」が動詞につく場合があります。「現在形」を時系列の数直線上に示すと**図9**のとおりです。

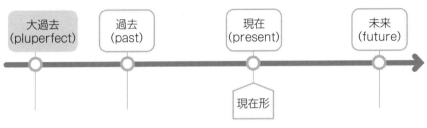

図9　現在形の数直線

「現在形」は「現在」の時点の事象を指します。「現在形」の例文を次に示します。

現在形の例文

・I <u>study</u> English every day.
（私は英語を毎日勉強します。）
・Water <u>comes</u> to the boiling point at 100 degrees.
（水は100℃で沸点に達します。）

上の文は「毎日の習慣」を示しており、下の文は「普遍的な事実」を示

しているため、両者共に時制は「現在形」とします。日本人は時制の使い分けが苦手なせいか「現在形」を乱用する傾向にあります。ですが、元来、「現在形」を用いるべきなのは「現在の習慣」や「普遍的な事実」等を示す場合に限られてきます。実際のところ、後述する「現在進行形」や「現在完了形」（あるいは「現在完了進行形」）を使うべき場合に「現在形」を使っている日本人が多いのです。

過去形

「過去形」は過去のある時点での出来事を示します。動詞の過去形を用います。規則変化（動詞の原形＋ed）が基本ですが、不規則変化の場合もあり覚えていくしかありません。「過去形」を時系列の数直線上に示すと図10のとおりです。

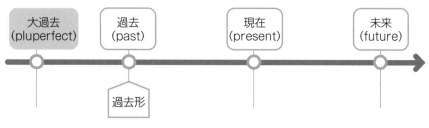

図10　過去形の数直線

「過去形」は「過去」の特定の時点（例：去年の1月1日）の事象を指します。「過去形」の例文を次に示します。

―――― 過去形の例文 ――――
He <u>went</u> to the Silicon Valley last summer.
（彼は去年の夏にシリコンバレーに行った。）

この文は"last summer"（去年の夏）という過去の特定時点を指しているため、時制は「過去形」とします。

未来形

「未来形」は未来のある時点で意図（予測）される出来事を示します。助動詞 will、あるいは、「be going to ＋動詞の原形」を用います。「未来形」を時系列の数直線上に示すと図 11 のとおりです。

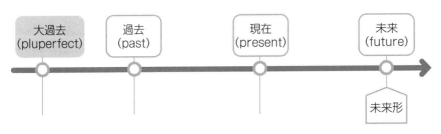

図 11　未来形の数直線

「未来形」は「未来」の特定の時点（例：来年の 1 月 1 日）の事象を指します。「未来形」の例文を次に示します。

――――― 未来形の例文 ―――――
・I **will** visit the Silicon Valley next summer.
（来年の夏、シリコンバレーを訪れる予定である。）
・I **am going to** visit the Silicon Valley next summer.
（来年の夏、シリコンバレーを訪れる予定である。）

これを見る限りでは、上下の和訳に違いがないように見えるかも知れません。しかし、両者はニュアンスが違うので注意しましょう。助動詞 will は意思未来であり「〜するつもりである」というニュアンスです。つ

まり、話し手の意思がこもった未来となります、恐らく、シリコンバレーに行きたいという思いがあるからこそ行くつもりなのでしょう。それに対して、「be going to＋動詞の原形」は単純未来であり「～することになるだろう」というニュアンスとなります。すでに決定している予定を述べています。

（過去/現在/未来）進行形

「過去進行形」「現在進行形」「未来進行形」の一連の進行形は本節でまとめて解説します。「（過去/現在/未来）進行形」は、（過去/現在/未来）のある時点において進行中の動作を示します。「be動詞＋動詞の原形＋ing」が基本形です。「（過去/現在/未来）進行形」を時系列の数直線上に示すと図12のとおりです。

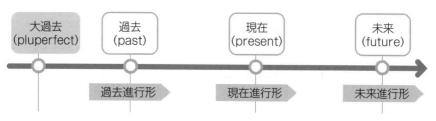

図12　（過去/現在/未来）進行形の数直線

「（過去/現在/未来）進行形」は「過去/現在/未来」の特定の時点を「またがって進行している」事象を指します。「（過去/現在/未来）進行形」の例文を次に示します。時制の違いが分かるように訳し分けはできますでしょうか。

（過去/現在/未来）進行形の例文

- （過去進行形）I was running at 3 p.m. yesterday.
- （現在進行形）I am running now.
- （未来進行形）I will be running at 3 p.m. tomorrow.

過去進行形の"I was running at 3 p.m. yesterday."という文は"3 p.m. yesterday"（昨日の午後3時）という過去の特定時点を「またがって」、"running"していたことになります。このニュアンスを踏まえて、この英文は「私は、昨日の午後3時に<u>走っているところでした</u>。」と和訳します。

　現在進行形の"I am running now."という文は"now"（今）という現時点を「またがって」、"running"していることになります。このニュアンスを踏まえて、この英文は「私は今、<u>走っているところです</u>。」と和訳します。

　未来進行形の"I will be running at 3 p.m. tomorrow."という文は"3 p.m. tomorrow"（明日の午後3時）という未来の特定時点を「またがって」、"running"している予定だということになります。このニュアンスを踏まえて、この英文は「私は、明日の午後3時に<u>走っているところでしょう</u>。」と和訳します。

(過去/現在/未来) 完了形

　「過去完了形」「現在完了形」「未来完了形」の一連の完了形は本節でまとめて解説します。「(過去/現在/未来) 完了形」は、(過去/現在/未来) のある時点において、動作の完了、結果、経験、状態を強調します。「have＋動詞の過去分詞形」が基本形です。過去形と同様に、過去分詞形も規則変化（動詞の原型＋ed）と不規則変化があります。「(過去/現在/未来) 完了形」を時系列の数直線上に示すと図13のとおりです。

　「(過去/現在/未来) 完了形」は「過去/現在/未来」の特定時点までに完了してしまっている事象を指します。「(過去/現在/未来) 完了形」の例文を次に示します。時制の違いが分かるように訳し分けはできますでしょうか。

第3章 「受験英語」は全ての基礎

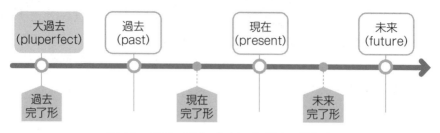

図13 (過去/現在/未来) 完了形の数直線

（過去/現在/未来）完了形の例文

- （過去完了形）I <u>had</u> finish<u>ed</u> my work by 3 p.m. yesterday.
- （現在完了形）I <u>have</u> finish<u>ed</u> my work just now.
- （未来完了形）I <u>will have</u> finish<u>ed</u> my work by 3 p.m. tomorrow.

　過去完了形の"I <u>had</u> finish<u>ed</u> my work by 3 p.m. yesterday."という文は"3 p.m. yesterday"（昨日の午後3時）という過去の特定時点までに"finish<u>ed</u> my work"してしまったことになります。このニュアンスを踏まえて、この英文は「私は、昨日の午後3時までに仕事を完了<u>してしまいました</u>。」と和訳します。

　現在完了形の"I <u>have</u> finish<u>ed</u> my work just now."という文は"just now"（ちょうど今）という現時点までに"finish<u>ed</u> my work"してしまったことになります。このニュアンスを踏まえて、この英文は「私はたった今、仕事を完了<u>しました</u>。」と和訳します。

　未来完了形の"I <u>will have</u> finish<u>ed</u> my work by 3 p.m. tomorrow."という文は"3 p.m. tomorrow"（明日の午後3時）という未来の特定時点までに"finish<u>ed</u> my work"してしまっている予定だということになります。このニュアンスを踏まえて、この英文は「私は、明日の午後3時

には仕事を完了しているでしょう。」と和訳します。

(過去/現在/未来) 完了進行形

「過去完了進行形」「現在完了進行形」「未来完了進行形」の一連の完了進行形は本節でまとめて解説します。「(過去/現在/未来) 完了進行形」は、(過去/現在/未来) のある時点において、動作の状態や経験が引き続き進行していることを強調します。「have＋been(be の過去分詞形)＋動詞の原形＋ing」が基本形です。「(過去/現在/未来) 完了進行形」を時系列の垂直線上に示すと図14のとおりです。

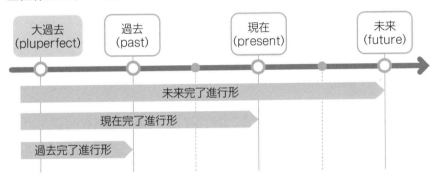

図14　(過去/現在/未来) 完了進行形の数直線

「(過去/現在/未来) 完了進行形」は「過去/現在/未来」の特定の時点に至るまでずっと進行している事象を指します。「(過去/現在/未来) 完了進行形」の例文を次に示します。時制の違いが分かるように訳し分けはできるでしょうか。

(過去/現在/未来) 完了進行形の例文

・(過去完了進行形) I **had been** study**ing** English for 10 years until last year.
・(現在完了進行形) I **have been** study**ing** English for 10 years until now.

・(未来完了進行形) I **will have been** study**ing** English for 10 years until next year.

　過去完了進行形の"I **had been** study**ing** English for 10 years until last year."という文は"last year."（去年）という過去の特定時点に至るまでの"for ten years"（10年間）という期間において"study**ing** English"し続けたことになります。このニュアンスを踏まえて、この英文は「私は、去年まで10年間、英語を**勉強し続けていました**。」と和訳します。

　現在完了進行形の"I **have been** study**ing** English for 10 years until now"という文は"now"（今）という現時点に至るまでの"for ten years"（10年間）という期間において"study**ing** English"し続けていることになります。このニュアンスを踏まえて、この英文は「私は、今に至るまでの10年間、英語を**勉強し続けています**。」と和訳します。

　未来完了進行形の"I **will have been** study**ing** English for 10 years until next year."という文は"next year."（来年）という未来の特定時点に至るまでの"for ten years"（10年間）という期間において"study**ing** English"し続けている予定であることになります。このニュアンスを踏まえて、この英文は「私は、来年になれば10年間、英語を**勉強し続けていることになるでしょう**。」と和訳します。

現在完了形の用法

　日本人が特に苦手にしている時制が「過去形」と「現在完了形」との使い分けです。この使い分けを正しく行うには「過去形」と「現在完了形」との違いをしっかり理解する必要があります。基本的に「過去形」は過去のある時点に限定した事象を指すので比較的分かりやすいです。それに対して、「現在完了形」は用法が3種類に分かれており、日本人の混乱の原

3 時制

表3 現在完了形の用法

用法	説明	例文
完了 (「〜してしまった」)	副詞のjustやalreadyと共用される事が多い。(否定文の場合、副詞yetと共用し「まだ〜していない」)	● He has already gone to Osaka. (彼は既に大阪に行ってしまった。) ● She has not finished her homework yet. (彼女はまだ宿題を終えていない。)
経験 (「〜したことがある」)	副詞everと共用される事が多い。(否定文の場合、副詞neverと共用する)	● He has ever played the guitar. (彼は今までにギターを弾いたことがある。) ● She has never played the piano. (彼女は一度もピアノを弾いたことがない。)
継続 (「〜し続けている」)	過去からある時点まで継続し続けている。期間を示す前置詞forと共用されることが多い。	● He has worked here for four years. (彼は四年間ここで働き続けている。) ● She has waited here for two hours. (彼女は二時間ここで待ち続けている。)

因となっています。「現在完了形」の用法は**表3**のとおりになります。

　日本人を更に混乱させる要因として、表3の「現在完了形」の用法のうち、「継続」の用法と「現在完了進行形」との違いが理解しがたいのです。つまり、「現在完了形（継続用法）」と「現在完了進行形」は共に「継続」のニュアンス（〜し**続けている**）を示すことから、英作文でどちらの時制を使うべきかという判断に迷うことが多いのです。

「現在完了形（継続用法）」と「現在完了進行形」の使い分け

　「現在完了形（継続用法）」と「現在完了進行形」は共に「継続」のニュアンスを示します。使い分けとしては、「動作動詞」を用いる際に継続のニュアンスを強調したい場合に「現在完了進行形」を用います。逆に言えば、「状態動詞」には「現在完了進行形」を用いません。例えば、「動作動詞」である"study"（「〜を勉強する」という動作を示す動詞）を用いた

例文として"I have studied English."と書いただけでは「継続」の用法とは限らずに、「完了」（勉強してしまった）又は「経験」（勉強したことがある）という用法にも解釈される可能性があります。よって、敢えて、"I have been studying English."と書くことで、「継続」（勉強し続けている）の用法を明示的に強調しています。

「時制の一致」

時制に関する英文法では「時制の一致」も重要です。例えば、次の和文はどのように英作文できるでしょうか。

自分の発言を示す和文（その1）
「彼はシリコンバレーに行った。」と私は言った。

この和文の英訳ですが、次のように「直接話法」と「間接話法」の2通りが考えられます。

「直接話法」と「間接話法」（その1）

・（直接話法）I said, "He went to the Silicon Valley".
「過去」の発言"said"（過去形）内において、"went"（過去形）の時制を用いているということは「彼のシリコンバレー行き」は「過去の過去（大過去）」となる。

・（間接話法）I told that he had gone to the Silicon Valley.
「過去」の発言"told"（過去形）を基準として更に昔に遡る「大過去」であることを示すために、that節内で"had gone"（過去完了形）の時制を用いている。

ここでのポイントは、私の発言時点（過去）よりも、「彼のシリコンバレー行き」の時点（大過去）は更に昔に遡る時点となることです。これら両者の時点の関係性を明確にするため、「言った」と「行った」の英訳（動詞の時制）を的確に使い分ける必要があります。これを「時制の一致」と言います。

---- 自分の発言を示す和文（その2） ----
「本日、彼は欠席<u>です</u>。」と私は<u>言った</u>。

この和文の英訳ですが、次のように直接話法と間接話法が考えられます。

---- 「直接話法」と「間接話法」（その2） ----
・（直接話法）I <u>said</u>, "He <u>is</u> absent <u>today</u>".
　過去の発言"said"（過去形）内において、"is"（現在形）の時制を用いているということは「彼の欠席」は発言時点と同一タイミングの「過去」となる。
・（間接話法）I <u>told</u> that he <u>was</u> absent <u>at the day</u>.
　「過去」の発言"told"（過去形）を基準として同一タイミングの「過去」であることを示すために、that節内で"was"（過去形）の時制を用いている。ちなみに、"<u>today</u>"（今日）も"<u>at the day</u>"（[過去時点の]その日に）と言い換えられている。

ここでのポイントは、私の発言時点（過去）と「彼の欠席」の時点は、同一のタイミングとなることです。間接話法の場合、「言った」と「彼の欠席」の英訳（動詞の時制）は「時制の一致」に従い「過去形」で合わせることになります。直接話法の発言内容はその時点での発言を忠実に記すの

で、過去形でなく現在形となっています。

4 形式主語・形式目的語

　英語は構文にシビアな言語であり、日本語でありがちな文の構成要素の省略（主語の省略など）はほとんどありません。よって、英文法の都合上、（自身は意味をもたない）形式的な主語や目的語をとりあえず配置する場合があります。このような形式的な主語は「形式主語」、形式的な目的語は「形式目的語」と言います。

「形式主語」

　形式主語を使う理由として「英語は主語が長いこと（頭でっかち）を嫌う」という原則があります。例えば、図15の英文例を見ましょう。

　図15の英文では、"that he should say so"（彼がそのように言う事）というthat節の主語の長さ（5単語）は、"natural"（自然である）という補語の長さ（1単語）と比べると、明らかに主語の方が「頭でっかち」と言えます。英文法の世界ではこのような「頭でっかち」文はバランスが悪いと考えて、形式主語の"It"を文頭に置きます。注意すべき点は、この形式主語"It"を「それは〜」と訳しません。形式主語"It"そのものには意味がなく、あくまでもthat節以下が実質的な主語となることに留意しましょう。

「形式目的語」

　形式目的語を使う理由も形式主語の場合と似ています。英語には「長い説明は後回し」にしたがる性質（文末重心 [end-weight]）があります。例えば、図16の英文例を見ましょう。

　上の英文では、"to study English every day"（英語を毎日勉強する

4　形式主語・形式目的語

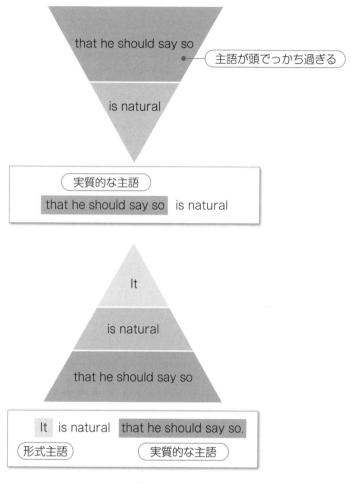

図15　「形式主語」の使用例

事）という to 不定詞（名詞的用法）の目的語の長さ（5単語）は、"difficult"（難しい）という補語の長さ（1単語）と比べると、明らかに目的語の方が「でっかち」と言えます。図15の形式主語の場合と同様に、英文法の世界ではこのような「でっかち」文はバランスが悪いと考えて、形式目的語の"it"を置きます。注意すべき点は、この形式目的語の"it"を

第3章 「受験英語」は全ての基礎

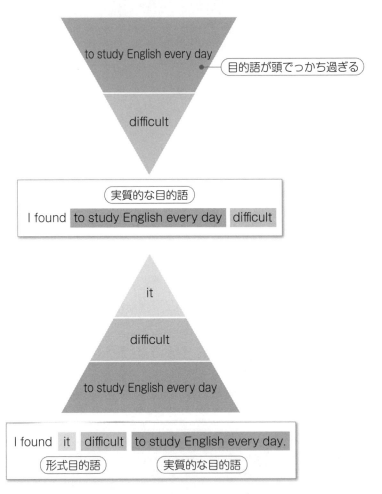

図16 「形式目的語」の使用例

「それを〜」と訳しません。形式目的語"it"そのものには意味がなく、あくまでもto不定詞("to study English every day")の方が実質的な目的語となることに留意しましょう。このように、形式目的語の基本的な考え方は形式主語の場合と同じです。

5 関係詞

「関係詞」というのは、1つの語で「接続詞＋代名詞または副詞」の二役を兼ねたものです。「関係代名詞」や「関係副詞」があります。次に示すとおり、基本的な構造は「先行詞＋関係節」です。

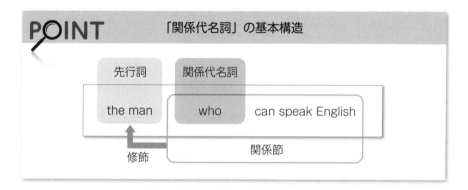

ここでは、関係代名詞"who"により導かれる関係節"who can speak English"（英語を話せる〜）が後ろから、先行詞"the man"（男）を修飾しています。後ろから修飾していることから「後置修飾」と呼ばれます。よって、"the man who can speak English"は「英語を話せる男」と訳します。

関係代名詞の種類

表4に示すとおり、「主格/目的格/所有格」の格変化と先行詞の種類によって使うべき関係代名詞が決定されます。

表4に列挙した関係代名詞の詳細を下記に解説します。

関係代名詞（人間の場合）

先行詞が「人間」の場合に用いる関係代名詞を**図17**に示します。

第3章 「受験英語」は全ての基礎

表4 関係代名詞の種類

先行詞	主格	所有格	目的格
人間	who	whose	whom
動物・事物	which	whose of which	which
人間・動物・事物	that	—	that
先行詞を兼ねる	what	—	what

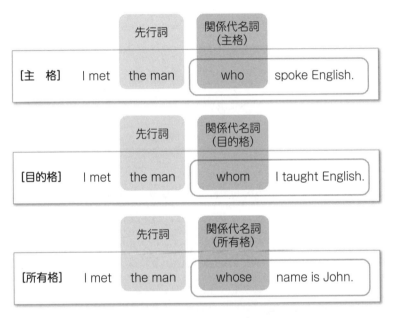

図17 関係代名詞（人間の場合）

図17に列挙した関係代名詞の詳細を下記に解説します。

図18に示す「主格」の場合は、主語に相当する代名詞である"He"に注目します。

図18の場合、"I met the man."（私は男と会った）というメイン文と"He spoke English."（彼は英語を話した）というサブ文の2つが合体し

5　関係詞

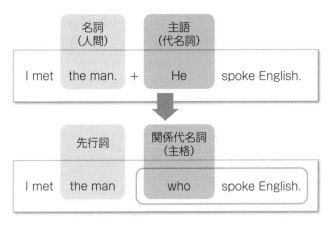

図18　関係代名詞（人間の場合）の主格

たと考えられます。関係詞全般に言えることですが、「メイン文」と「サブ文」の2つに分けて考えることがポイントです。"He spoke English."という一文は、"I met the man."という一文の"the man"を補足説明していると考えられるため、"He spoke English."はサブ文であり"I met the man."はメイン文だと考えます。次に、メイン文とサブ文の共通箇所を括り出します。メイン文"I met the man."とサブ文"He spoke English."の2つの間で明確に共通すると言えるのが下線部を引いた箇所です。そのうち、メイン文の"the man"は先行詞としてそのまま残して、サブ文の「主語」である"He"は関係代名詞の「主格」である"who"に置換します。最後に、関係代名詞"who"を境目として"the man"と関係節"who spoke English"をガッチャンコとドッキングします。換言すれば、関係代名詞"who"はメイン文とサブ文をくっつける「接着剤」のような役割を果たします。これで、関係代名詞（主格）の"who"を用いた文の出来上がりです。ドッキングの結果として、直訳は「私は、英語を話す男と会った」となります。

　上述した手順を"大雑把"に整理すると、表5のとおりとなります。

第3章 「受験英語」は全ての基礎

表5　関係代名詞を用いる文の作り方（超簡略版）

#	手順	具体例
1	「メイン文」と「サブ文」を判別する。その判断の根拠は文脈に依存する。	"I met the man." をメイン文、"He spoke English." をサブ文であると判断する。その判断の根拠は "He spoke English." の一文はメイン文の "the man" の補足説明であると考えられるからである。
2	メイン文とサブ文の「共通箇所」を括り出す。	メイン文 "I met <u>the man</u>." とサブ文 "<u>He</u> spoke English." の下線部が共通している。
3	メイン文の共通箇所は「先行詞」だと捉える。	メイン文 "I met <u>the man</u>." の "<u>the man</u>" は「先行詞」となる。
4	サブ文の共通箇所を、格変化に応じた「関係代名詞」に置換する。	サブ文の「主語」である "He" は関係代名詞の「主格」である "<u>who</u>" に置換する。
5	接着剤代わりの「関係代名詞」を境目として、メイン文とサブ文をドッキング（合体）する。	関係代名詞 "<u>who</u>" を境目として "<u>the man</u>" と関係節 "<u>who</u> spoke English" をドッキングする。その結果、"I met the man <u>who</u> spoke English." という一文が完成する。

　表5は、関係代名詞を用いた文の作り方の筆者なりの覚え方です。恐らく、英文法の厳密な教え方とは違うと思いますが、比較的覚えやすい方だろうと考えています。この後、様々な種類の関係詞が出てきますが、概ね、表5の考え方（の応用技）でクリアできるものが多いです。もし関係詞の理解に苦しんだら、逐次、表5を見直してみてください。

　図19に示す「目的格」の場合は、目的語に相当する代名詞である "him" に注目します。目的格の whom は省略される場合も多いです。

　表5の考え方に基づくと、メイン文 "I met <u>the man</u>."（私はその男に会った）とサブ文 "I taught <u>him</u> English."（私は彼に英語を教えた）の下線部が共通箇所なので、サブ文の「目的語」である "<u>him</u>" を関係代名詞（目的格）の "<u>whom</u>" に置換して、メイン文とサブ文をドッキングします。図19では、英文法の慣例として、関係代名詞（目的格）の "**<u>whom</u>**"

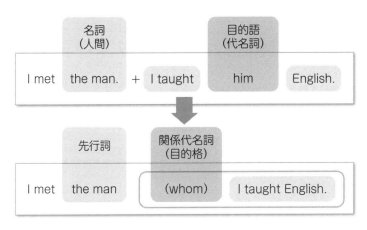

図19　関係代名詞（人間の場合）の目的格

は、サブ文の目的語"him"が当初あった位置から左の方に移動しています。更には、関係代名詞（目的格）の"whom"は省略されることが多く、通常の会話ではあまり使いません。ドッキングの結果として、直訳は「私は、私が英語を教えている男と会った」となります。

図20に示す「所有格」の場合は、所有格に相当する代名詞である"His"に注目します。

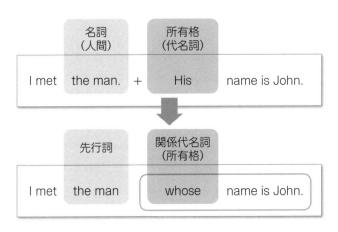

図20　関係代名詞（人間の場合）の所有格

表5の考え方に基づくと、メイン文"I met the man."（私はその男に会った）とサブ文"His name is John."（彼の名前はJohnである）の下線部が共通箇所なので、サブ文の「所有格」の代名詞である"His"を関係代名詞（所有格）の"whose"に置換して、メイン文とサブ文をドッキングします。ドッキングの結果として、直訳は「私は、彼の名前がJohnである男と会った」となります。

関係代名詞（動物・事物の場合）

先行詞が「動物」や「事物」の場合に用いる関係代名詞を図21に示します。

図21に列挙した関係代名詞の詳細を下記に解説します。

図22に示す「主格」の場合は、主語に相当する代名詞である"It"に注

図21　関係代名詞（動物・事物の場合）

5 関係詞

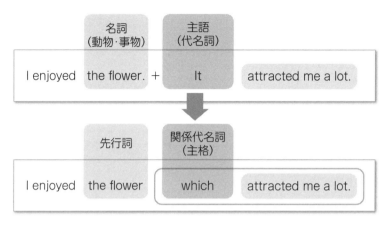

図22 関係代名詞（動物・事物の場合）の主格

目します。

メイン文"I enjoyed <u>the flower</u>."（私はその花を愛でた）とサブ文"<u>It</u> attracted me a lot."（それは私をとても惹き付けた）の下線部が共通箇所なので、サブ文の「主語」である"<u>It</u>"を関係代名詞（主格）の"<u>which</u>"に置換して、メイン文とサブ文をドッキングします。ドッキングの結果として、直訳は「私は、私をとても惹き付ける花を愛でた」となります。

図23に示す「目的格」の場合は、目的語に相当する代名詞である"them"に注目します。目的格のwhichは省略される場合も多いです。

メイン文"I will bring <u>the books</u>."（私はその本を持ってくるつもりである）とサブ文"I borrowed <u>them</u> from him."（私はそれらを彼から借りた）の下線部が共通箇所なので、サブ文の「目的語」である"<u>them</u>"を関係代名詞（目的格）の"<u>which</u>"に置換して、メイン文とサブ文をドッキングします。ドッキングの結果として、直訳は「私は、私が彼から借りた本を持ってくるつもりである」となります。

図24に示す「所有格」の場合は、所有格に相当する代名詞である"Its"に注目します。

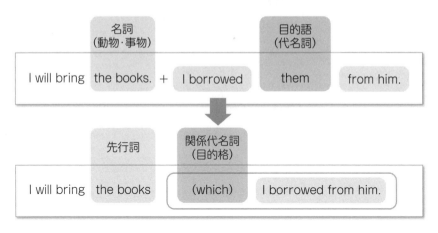

図23　関係代名詞（動物・事物の場合）の目的格

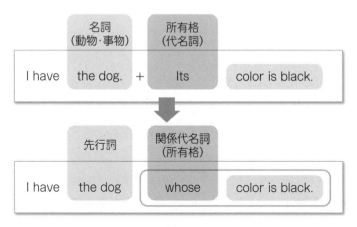

図24　関係代名詞（動物・事物の場合）の所有格

　メイン文"I have the dog."（私はその犬を飼っている）とサブ文"Its color is black."（それの色は黒である）の下線部が共通箇所なので、サブ文の「所有格」の代名詞である"Its"を関係代名詞（所有格）の"whose"に置換して、メイン文とサブ文をドッキングします。ドッキン

グの結果として、直訳は「私は、それの色が黒である犬を飼っている」となります。

関係代名詞（人間・動物・事物の場合）

先行詞が「人間」と「動物又は事物」が組み合わさった場合や最上級の形容詞付きの先行詞の場合に用いる関係代名詞"that"を図25に示します。

図25　関係代名詞（人間・動物・事物の場合）

「人間」（想定される関係代名詞は"who"や"whom"）と「動物又は事物」（想定される関係代名詞は"which"）の両方が先行詞となっていた場合は、どの関係代名詞を使うべきか迷いそうですが、融通が利く関係代名詞"that"で済ませます。また、最上級の形容詞付きの先行詞の場合は、英文法の慣例として、関係代名詞"that"を用います。

図25に列挙した関係代名詞の詳細を下記に解説します。

図26に示す「主格」の場合は、主語に相当する代名詞である"They"に注目します。

メイン文"I met <u>the man and dog</u>."（私はその男と犬に会った）とサブ文"<u>They</u> had lived in Kobe."（彼らは神戸に住んでいた）の下線部

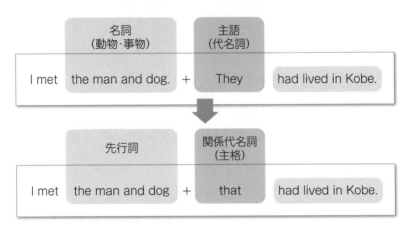

図26　関係代名詞（人間・動物・事物の場合）の主格

が共通箇所なので、サブ文の「主語」である"They"を関係代名詞（主格）の"that"に置換して、メイン文とサブ文をドッキングします。ドッキングの結果として、直訳は「私は、神戸に住んでいた男と犬に会った」となります。

図27に示す「目的格」の場合は、目的語に相当する代名詞である"it"に注目します。目的格のthatは省略される場合も多いです。

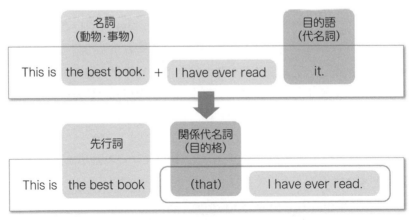

図27　関係代名詞（人間・動物・事物の場合）の目的格

メイン文"This is the best book."（これは最良の本である）とサブ文"I have ever read it."（私は今までにそれを読んだことがある）の下線部が共通箇所なので、サブ文の「目的語」である"it"を関係代名詞（目的格）の"that"に置換して、メイン文とサブ文をドッキングします。ドッキングの結果として、直訳は「これは、私が今までに読んだ最良の本である」となります。

関係代名詞（先行詞を兼ねる）

関係代名詞そのものが先行詞の役割も兼ねてしまう関係代名詞"what"があります。この場合、"what"が先行詞の役割を果たします。先行詞を兼ねる関係代名詞"what"を図28に示します。

図28に列挙した関係代名詞の詳細を下記に解説します。

図29に示す「主格」の場合は、主語に相当する代名詞である"It"に注目します。

メイン文"This coffee machine is ?????."（このコーヒーマシンは？？？？？である）とサブ文"It needs fixing."（それは修理される必

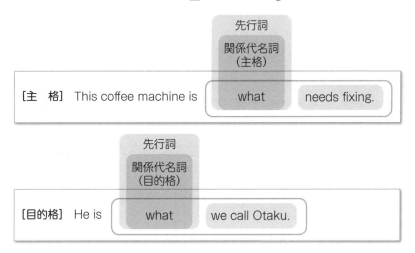

図28　関係代名詞（先行詞を兼ねる）

第3章 「受験英語」は全ての基礎

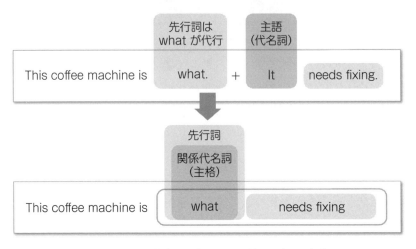

図29 関係代名詞（先行詞を兼ねる）の主格

要がある）の下線部が共通箇所となります。ですが、今までのパターンと違い、このメイン文には「先行詞」に相当するものがありません。そこで、"what" という先行詞も兼ねる関係代名詞で代用してやる訳です。サブ文の「主語」である "It" を、先行詞も兼ねる関係代名詞（主格）の "what" に置換して、メイン文とサブ文をドッキングします。ドッキングの結果として、直訳は「このコーヒーマシンは、修理される必要がある**もの**である」となります。一般的に、関係代名詞 "what" そのものには意味がないのですが、強いて言うならば、日本語で言うところの「～するもの（～であるもの）」に相当します。

図30 に示す「目的格」の場合は、目的語に相当する代名詞である "it" に注目します。

メイン文 "He is ?????." （彼は？？？？？である）とサブ文 "We call it Otaku."（私達はそれをオタクと呼ぶ）の下線部が共通箇所となります。サブ文の「目的語」である "it" を、先行詞も兼ねる関係代名詞（目的格）の "what" に置換して、メイン文とサブ文をドッキングします。ドッキ

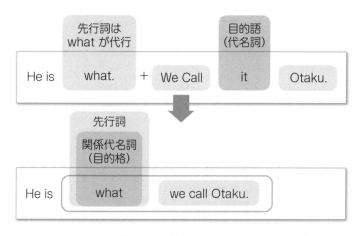

図30 関係代名詞（先行詞を兼ねる）の目的格

ングの結果として、直訳は「彼は、私達がオタクと呼ぶ**もの**である」となります。ちなみに、"what we call 〜"は半ば熟語となっており「いわゆる〜」と訳します。つまり、図30の英文は「彼はいわゆるオタクである」と述べていることになります。

関係副詞の種類

大雑把に言うと「関係副詞＝前置詞＋関係代名詞」という解釈で良いでしょう。関係代名詞の場合とは異なり、格変化（主格／目的格／所有格）はありません。先行詞が自明である場合は、先行詞が省略される場合も多いです。関係副詞の種類を**表6**に示します。

表6に列挙した関係副詞の詳細を下記に解説します。

関係副詞（場所の場合）

先行詞が「場所」の場合に用いる関係副詞"where"を**図31**に示します。
メイン文"This is the hotel."（これはホテルである）とサブ文"I met him at the place."（私はその場所で彼に会った）の下線部が共通箇所と

第3章 「受験英語」は全ての基礎

表6　関係副詞の種類

先行詞	主格	所有格	目的格
場所（the place）		where	
理由（the reason）		why	
理由（the reason）		when	
方法（the way）		how	

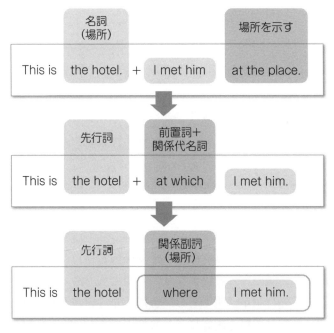

図31　関係副詞（場所の場合）

なります。ここで注目すべきは"at the place"には「場所」を示す前置詞"at"が付いています。このまま、サブ文の"the place"を関係代名詞"which"に置き換えると"at which"となり、関係代名詞の直前に前置詞"at"が付いた形式となります。この「前置詞＋関係代名詞」の"at which"の部分を関係副詞の"where"に置換して、メイン文とサブ文をドッキングします。ドッキングの結果として、直訳は「これは、私が彼に会ったホテルである」となります。

関係副詞（理由の場合）

先行詞が「理由」の場合に用いる関係副詞"why"を図32に示します。

メイン文"I have the reason."（私には理由がある）とサブ文"I ask for a pay raise for the reason."（私はその理由故に賃上げを要求する）の下線部が共通箇所となります。ここで注目すべきは"for the reason"には「理由」を示す前置詞"for"が付いています。このまま、サブ文の"the reason"を関係代名詞"which"に置き換えると"for which"となり、関係代名詞の直前に前置詞"for"が付いた形式となります。この

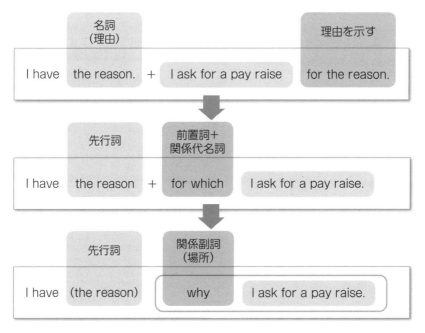

図32　関係副詞（理由の場合）

「前置詞＋関係代名詞」の"for which"の部分を関係副詞の"<u>why</u>"に置換して、メイン文とサブ文をドッキングします。ドッキングの結果として、直訳は「私には賃上げを要求する理由がある」となります。ちなみに、「理由」の先行詞をとる関係副詞"why"を用いる場合は先行詞（"the reason"等）が省略されることが多いです。

関係副詞（時の場合）

先行詞が「時」の場合に用いる関係副詞を図33に示します。

メイン文"I remember <u>9/11</u>."（私は9/11を覚えている）とサブ文"He was dead at <u>the day</u>."（彼はその日に死んだ）の下線部が共通箇所となります。ここで注目すべきは"at <u>the day</u>"には「時」を示す前置詞"at"が付いています。このまま、サブ文の"<u>the day</u>"を関係代名詞

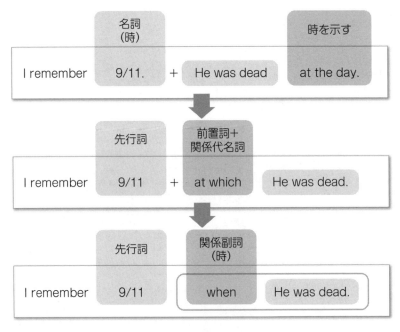

図33　関係副詞（時の場合）

"which"に置き換えると"at which"となり、関係代名詞の直前に前置詞"at"が付いた形式となります。この「前置詞＋関係代名詞」の"at which"の部分を関係副詞の"when"に置換して、メイン文とサブ文をドッキングします。ドッキングの結果として、直訳は「私は彼が死んだ9月11日を覚えている」となります。

関係副詞（方法の場合）

先行詞が「方法」の場合に用いる関係副詞を図34に示します。

メイン文"This is the way."（これは方法である）とサブ文"I learn English in the way."（私はその方法で英語を学ぶ）の下線部が共通箇所となります。ここで注目すべきは"in the way"には「方法」を示す前置

図34　関係副詞（方法の場合）

詞"in"が付いています。このまま、サブ文の"the way"を関係代名詞"which"に置き換えると"in which"となり、関係代名詞の直前に前置詞"in"が付いた形式となります。この「前置詞＋関係代名詞」の"in which"の部分を関係副詞の"how"に置換して、メイン文とサブ文をドッキングします。ドッキングの結果として、直訳は「これは、私が英語を学ぶ方法である」となります。ちなみに、先行詞（"the way"）は省略されることもあります。

「関係詞」の「限定（制限）用法」と「継続用法」

　技術仕様のような複雑な内容を説明する「技術英語」の現場において、「関係詞」は避けては通れない道です。その反面、関係詞を用いた文はその性質上、どうしても文の構造が複雑になる傾向にあるため、日本人は関係詞に苦手意識を持ちがちです。この苦手意識に追い打ちをかけるのが、関係詞の「限定用法」（「制限用法」とも言う）と「継続用法」（「非制限用法」とも言う）との使い分けです。例えば、図35 の英文例の訳し分けはできるでしょうか。

　「限定用法」の場合、関係節"who escaped safely"（安全に脱出した）が先行詞"few passengers"を「後置修飾」することで、先行詞"few passengers"が示す内容を制限します。視覚的には「右から左へ」逆流するように述べる感じです。よって、「**安全に脱出した乗客**はほとんど居なかった」と訳します。なお、"few"という形容詞は「（数量的に）ほとんど～ない」という否定のニュアンスを含むことから、先行詞"few passengers"は「～する乗客は**ほとんど居なかった**」という否定のニュアンスとなります。

　「継続用法」の場合、", who escaped safely"というカンマ（,）付きの部分が先行詞"few passengers"の内容を「補足説明」します。視覚的には「左から右へ」と順次述べる感じです。よって、「乗客はほとんど居なかった、**そして、（それらの数少ない）**乗客は安全に脱出した」と訳します。

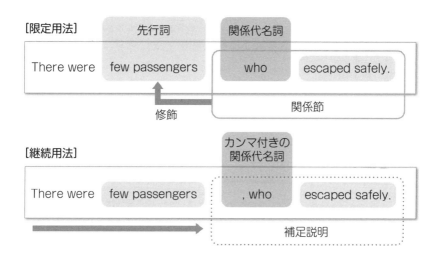

図35 「関係詞」の限定(制限)用法と継続用法

つまり、カンマ (,) の前後で意味的に文が分断されて、その間を接続詞でつないだようなイメージになります。ちなみに、図35の和訳例では「順接」(and) で接続しましたが、他には「逆接」(but) や「理由」(because) で接続する方が良い場合もあります。「継続用法」における接続の訳し分けは英文の文脈によります。頻度的には「順接」(and) が多いと言えます。

6 助動詞

「助動詞」(auxiliary verb) というのは読んで字の如く「動詞を助けるもの」です。動詞とワンセットで使われることにより、動詞の補足説明をします。これだけ聞くと「助動詞」はあくまでも「動詞」の"添え物"扱いであり重要でないように思えるかもしれません。しかし、英語の助動詞

が曲者なのは「時制」によるニュアンスの違いです。このニュアンスの違いを正確に理解できている日本人は多くないです。

助動詞の種類

英語の助動詞の種類を**表7**に示します。表7のポイントは「現在形」と「過去形」の二種類の時制です。実は、英語の助動詞は「現在形」と「過去

表7　助動詞の種類

意味	現在形	過去形
● 予測「～だろう」 ● 意思「～するつもりだ」 ● 法則「～するものだ」	will	would
● 義務・当然「～すべきだ」 ● 推測・見込み「～するはずだ」「多分～だろう」	shall	should
● 能力・可能性：「～できる」 ● 許可：「～してよい」（口語）	can	could
● 許可：「～してもよい」 ● 可能性・認容：「～できる」「～してもさしつかえない」 ● 譲歩：「～するとも」 ● 祈願：「～であるように（祈る）」	may	might
● 必要・義務・命令：「～ねばならない」「～すべきだ」 ● 強い主張・要求：「ぜひ～しなければならない」 ● 推定：「～にちがいない」 ● 必然：「～せざるを得ない」「かならず～する」	must	(must)
● 必要・義務・命令：「～ねばならない」「～すべきだ」 ● 強い主張・要求：「ぜひ～しなければならない」 ● 推定：「～にちがいない」 ● 必然：「～せざるを得ない」「かならず～する」	must	(must)
● 義務・当然：「～すべきだ」「～するのが当然だ」 ● 確かな推測：「～するはずだ」「きっと～する」	ought〔to〕	(ought〔to〕)
● 「need not＋原形動詞」：「～するには及ばない」 ● 「need＋主語＋動詞…?」：「～する必要があるのか」	need	—
過去の反復的動作：「常に～した」「～するのが常であった」	—	used〔to〕

形」の訳し分けに注意が必要なのです。

助動詞の「過去形」

　英語の助動詞で日本人が面食らうのは「助動詞の過去形は過去の意味を表さないことがある」ということです。例えば、「私は日本を訪ねる**べきである**」（**現在**の話）の英訳は次のようになります。

――――――「私は日本を訪ねるべきである」（現在の話）――――――
I <u>should</u> visit Japan.

　この英文に出てくる"should"は助動詞"shall"の**過去形**です。つまり「過去形の助動詞を用いているのにもかかわらず、文の意味は現在となっている」のです。似たような例で、「彼は英語の先生**だろう**」（**現在**の話）の英訳は次のようになります。

――――――「彼は英語の先生だろう」（現在の話）――――――
He <u>might</u> be an English teacher.

　この英文に出てくる"might"も助動詞"may"の**過去形**です。

　では、現在の話をするのに、過去形の助動詞をワザワザ使っている理由は何故でしょうか。

助動詞の時制を「ずらす（一歩下がる）」という発想

　日本人には非常に分かりづらい感覚ですが、図36に示すように、時制を現在形から過去形へと「ずらす（一歩下がる）」ことにより「断定口調を

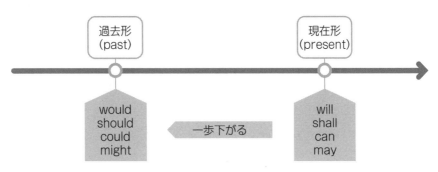

図36　助動詞の時制を「ずらす（一歩下がる）」という発想

弱めて、柔らかいニュアンスにする」という意図があります。日本語で言うところの「謙譲表現」あるいは「オブラートに包んだ表現」に相当します。

　日本人が欧米人（特に米国人）に対して抱く先入観として「遠慮せずにズケズケと物事を言ってくる」というイメージがあります。しかし、過去形の助動詞が英語の「謙譲表現」に相当します。英語の謙譲表現の例を**図37**に示します。図37の各々の文例は、上（現在形）よりも下（過去形）の英文の方が丁寧（婉曲）の表現となっています。

　ここでもう一度、過去形の助動詞の注意点を整理すると次のとおりです。

> **POINT　過去形の助動詞の注意点**
>
> - 過去形の助動詞を用いているのにもかかわらず、現在の話を意味する。（過去の話ではない）
> - 助動詞の時制の違いは、「現在形」ならば「断定調」となり、「過去形」ならば「婉曲（丁寧）調」となる。

6 助動詞

> **will と would**
> 「お願い事を聞いてくれないか？」という文意は同じ。
> - Will you do me a favor?
> - Would you do me a favor?
>
> **shall と should**
> 「貴方は英語を勉強すべき」という文意は同じ。
> - You shall study English.
> - You should study English.
>
> **can と could**
> 「今、私は貴方に話しかけてもよいか？」という文意は同じ。
> - Can I talk to you now?
> - Could I talk to you now?
>
> **may と might**
> 「彼は技術士かもしれない」という文意は同じ。
> - He may be a Professional Engineer.
> - He might be a Professional Engineer.

図37　英語の謙譲表現の例

「助動詞」と「過去の話」との組み合わせ

「助動詞の過去形は過去の意味を表さないこともある」のであれば、助動詞を用いつつ、過去の話をしたい場合にはどうでしょうか。例えば、「私は日本を訪ねるべき**だった（のに）**」（**過去**の話）を英訳できるでしょうか。単純に、"shall"の過去形の"should"を使って、次のように訳しても、現在の話のように聞こえてしまいます。

> **助動詞 shall の過去形は should**
> "I should visit Japan."（助動詞は**過去形**）
> 「私は日本を訪ねる**べきである**」（文意は**現在**）

第3章 「受験英語」は全ての基礎

　これでは助動詞の過去形を使った意味がありません。助動詞を用いつつ過去の話を表現したい場合には「助動詞の過去形＋have＋動詞の過去分詞形」という構文を用います。回りくどい表現のように見えますが、助動詞のみを単純に過去形にしただけでは「過去の話」のニュアンスを表現しきれないため、助動詞に加えて、動詞の「完了形」もワザワザ併用している形になります。

　例えば、might の場合は次のとおりになります。

---「助動詞」と「過去の話」との組み合わせ（might の場合）---
・He <u>might be</u> an English teacher.（彼は英語教師で<u>あるだろう</u>）【現在の話】
・He <u>might have been</u> an English teacher.（彼は英語教師で<u>あっただろう</u>）【過去の話】

　should の場合も示すと次のとおりです。

---「助動詞」と「過去の話」との組み合わせ（should の場合）---
・I <u>should visit</u> Japan.（私は日本を訪問する<u>べきである</u>）【現在の話】
・I <u>should have visited</u> Japan.（私は日本を訪問する<u>べきだった（のに）</u>）【過去の話】

7 仮定法

「仮定法」(subjunctive mood) は文字通り「現実（事実）」ではなく「架空（仮想）」の話を表現するときに用いる英文法です。「仮定法」に対して、「現実（事実）」を話すのは「直説法」（「直接」ではない）となります。エンジニアが日常的に扱う「技術英語」の世界では「直説法」を扱うことの方が圧倒的に多いため、「仮定法」に出くわす機会は少なめと言えます。しかし、そうであっても「仮定法」の文法知識を押さえておきたい理由として、上述した「助動詞の過去形」の話があります。深い考えも無しに「助動詞の過去形」を用いると、ネイティブ話者が「過去の事実の話」（直説法）ではなく「現在の仮定（空想）の話」（仮定法過去）として解釈する可能性があります。

「仮定法」の"一歩引いた"感覚

「仮定法」とは文字通り現実ではなく、あくまでも仮定の話を言及するときに用いる文法です。先述した「助動詞」（の過去形）の話をしっかりと理解していないと、この仮定法の話は分かりづらいところがあります。この「仮定法」においても、あの例の「時制をずらすことで、現実離れした（一歩引いた）感覚を示す」という、日本人に分かりづらい話が出てきます。

「仮定法過去」と「仮定法過去完了」

文法用語としてややこしいのが、「仮定法過去」と「仮定法過去完了」です。

第3章 「受験英語」は全ての基礎

「仮定法過去」と「仮定法過去完了」

・仮定法過去⇒**現在**の仮定を示すのに**過去形**を用いる。
・仮定法過去完了⇒**過去**の仮定を示すのに**過去完了形**を用いる。

つまり、これは「現在の仮定⇒過去形」あるいは「過去の仮定⇒過去完了形」というように「仮定の時点から、時制が１つ過去にずれている」訳です。この"ずらし"を入れることで、仮定と現実との距離感を文法的に表現しているようです。

「仮定法過去」の構造は次のとおりとなります。

「仮定法過去」

「(○○○で**ある**ならば、) ×××**する**だろうに」（**現在**の仮定）
"(If S＋V の**過去形**〜,) S'＋助動詞の**過去形**＋V'〜""

If I **were** a bird, I **could fly** to you.（時制は**過去形**）
「もし私が鳥で**ある**ならば、君のところに**飛んでいける**のに。」（**現在**の空想話）

ちなみに、"If I **were** a bird,"のbe動詞には"am"の過去形である"was"が来そうに思えますが、仮定法の場合は"were"を慣例的に使います。"was"を使うのも許容されます。

ここで注意すべき点は、仮定法過去の条件節に相当する"If I **were** a bird,"の部分が省略されて、"I **could fly** to you."の主節だけを述べる場合もあるということです。こうなってしまうと、「過去時制の直説法」なのか、あるいは、「仮定法過去」なのかが文の構造だけでは見分けがつ

きにくいです。ここまでくると、もはや文脈（context）で判断するしかありません。"I **could fly** to you."という英文の場合は「翼を持っていない人間が飛ぶ」のは絵空事（空想、仮定）と判断するのが妥当であると考えられるため、「仮定法過去」だと解釈するのが自然だということになります。

「仮定法過去完了」の構造は次のとおりとなります。

「仮定法過去完了」

「（○○○だったならば、）×××**した**だろうに」（**過去**の仮定）
"(If S＋**had**＋V の**過去分詞形**～,) S'＋助動詞の**過去形**＋have＋V'の**過去分詞形**～"

If I **had been** a bird, I **could have flown** to you.（時制は**過去完了形**）
「もし私が鳥**だったならば**、君のところに**飛んでいけた**のに。」（**過去**の空想話）

"I **could have flown** to you."の"flown"というのは動詞"fly"の過去分詞形です。動詞"fly"は時制に応じて"fly"（現在形）―"flew"（過去形）―"flown"（過去分詞形）と不規則変化します。

「仮定法過去完了」に関しても、「仮定法過去」の場合と同様に、仮定法の条件節である"If I **had been** a bird,"という部分が省略されて、主節の"I **could have flown** to you."とだけ述べる場合があります。条件節が省略されている仮定法は英文の解釈に要注意です。

hope と wish

　hope と wish は共に願望を示します。しかし、両者のニュアンスには違いがあり、hope は現実味のある願望、wish は仮定に近い（実現可能性が低い）願望を示します。よって、hope は「直説法」、wish は「仮定法」と使い分けます。

---
hope と wish
- I <u>hope</u> you <u>can</u> succeed in the project.（**直説法**の現在形）
- I <u>wish</u> you <u>could</u> succeed in the project.（**仮定法過去**）

　この英文例は2つとも「現在」の話をしており、「貴方がプロジェクトに成功することを願っている」と発言しています。両者のニュアンスの違いはどうでしょうか。"hope" の場合は、話し手の "I" が聞き手の "you" の成功確率が高い（現実的である）と考えていることを暗示しています。それに対して、"wish" の場合は、話し手の "I" が聞き手の "you" の成功確率が低い（絵空事に近い）と考えていることを暗示しています。解釈によっては、"wish" を使うと「皮肉」めいた言い方（貴方が成功する訳がないだろう）にも聞こえます。

8　前置詞と接続詞

「前置詞」の感覚論

　英語には「前置詞」が色々とありますが、感覚的（視覚的）に覚えることを推奨します。大別すると「動作や場所を表す前置詞」と「時間を表す

前置詞」となります。ほとんどの場合、大まかなイメージを「見える化」することで理解できるでしょう。しかし、例外的に、慣用句の一部となっている前置詞があり、特殊な意味合いで使われます。よって、そういう慣用句は丸暗記する必要があります。

動作や場所を表す前置詞

　動作や場所を表す「前置詞」の感覚的なイメージを図示したものを**図38**に示します。言葉で覚えるより、図38のイメージを眺めて感覚で覚える方がよいでしょう。

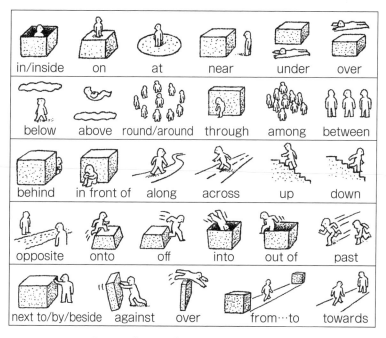

図38　「前置詞」の感覚的なイメージ

時間を表す前置詞

　時間を表す「前置詞」の感覚的なイメージを図示したものを**図39**に示

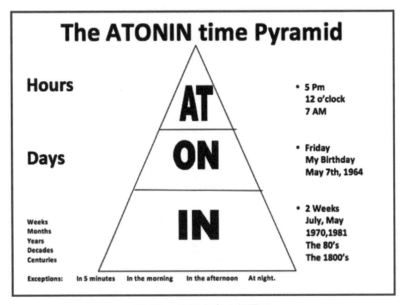

図39　時間を表す前置詞
出典：https://myenglishscrapbook.blogspot.com/2013/01/prepositions-co.html

します。図38の場合と同様に、言葉で覚えるより感覚で覚える方がよいでしょう。

「接続詞」は何と何を接続しているか？

　接続詞の考え方として、まずは「2つの異なるモノを接続する」という発想があります。次に「どういう接続形態か？」という発想があります。例えば、接続形態として図40の例が考えられます。

等位接続詞の"FANBOYS"

　次に示すFANBOYS（For, And, Nor, But, Or, Yet, So）は頻出の接続詞であり、等位接続詞と呼ばれます。

8 前置詞と接続詞

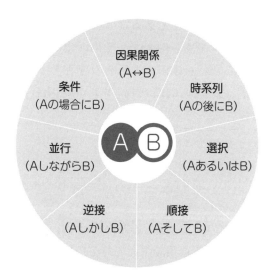

図 40 接続形態の例

等位接続詞の FANBOYS

- For
- And
  "both A and B"（A と B の両方）という熟語も多用される
- Nor
  "neither A nor B"（A も B も〜ない）【否定形】という熟語も多用される
- But
- Or
  "either A or B"（A 又は B のどちらか）という熟語も多用される
- Yet
- So

ここで言う「等位」とは同格である（＝主従関係が無い）モノ同士を接続するというニュアンスです。例えば、"I love **both** ramen **and** sushi."と言えば、"ramen"と"sushi"は等位の存在です。"I love **neither** ramen **nor** sushi."の場合も同様です。"I love **either** ramen **or** sushi."も同じくです。

従位接続詞

等位接続詞に対して、**図41**のように、主従関係のあるモノ同士を接続するのが従位接続詞です。

上の文の場合は、この文で一番言いたいのは"he is so fluent English speaker"（彼はとても流暢な英語話者である）というメイン部分です。そのメイン部分に対して、"**Although** he is the Japanese,"（彼は日本人だ**けれども、**）という部分はメイン部分に従属するサブ部分となっています。この場合、"Although"（〜だけれども）という「逆接」を示す従位接続詞を用いて、メイン部分とサブ部分を接続しています。

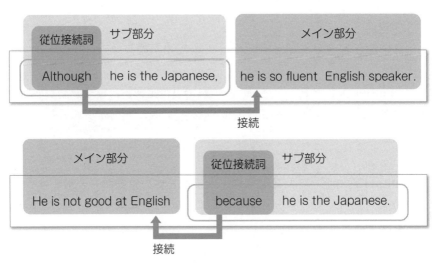

図41　従位接続詞の例

下の文の場合は、この文で一番言いたいのは"He is not good at English"（彼は英語が得意ではない）というメイン部分です。そのメイン部分に対して、"<u>because</u> he is the Japanese"（彼は日本人である<u>ので、</u>）という部分はメイン部分に従属するサブ部分となっています。この場合、"because"（～であるので）という「理由」を示す従位接続詞を用いて、メイン部分とサブ部分を接続しています。

よく使われる接続詞

接続形態（電車で言うところの連結部）を意識すると、接続詞は理解しやすいです。よく使われる接続詞の一覧を表8に示します。

表8 接続詞の種類

種類	例
語、句、節などをつなげる等位接続詞	and, but, for, nor, or, yet
等位接続詞と同じ働きをする接続副詞	also, besides, however, moreover, nevertheless, or else, otherwise, so, still, therefore
セットで等位接続詞となる相関接続詞	A as well as B, both A and B, either A or B, neither A nor B, not only A but also B
時を表す従位接続詞	after, as, as long as, as soon as, before, by the time, every time, no sooner ～ than, once, scarcely, since, the moment, till (until), when, whenever, while
原因、理由、目的、結果を表す従位接続詞	because, in order that ～ may, now that, seeing that, since, so ～ that, so that, so that ～ can
条件、譲歩、様態、比較を表す従位接続詞	although, as ～ as A, as, according as, as far as, as if, as though, if, in case, not as ～ as A, providing, supposing, than, though, unless, whether

9 冠詞

　英語の文法の中でも日本人が苦手とするのが「冠詞」です。苦手な理由は「日本語の文法に存在しない概念だから」です。同様に、日本人が苦手な英文法に「名詞の単数・複数形」あるいは「可算名詞・不可算名詞」の区別が挙げられます。日本語にも単数・複数の区別はありますが、英語は単数・複数の区別が厳密です。そして、その厳格さは「冠詞の使い分け」の話へとつながっていきます。

「定冠詞」と「不定冠詞」

　冠詞には「定冠詞(the)」と「不定冠詞(a, an)」の2種類があります。名詞に冠詞を付けない場合を「無冠詞」と呼びます。名前の通り、「定」冠詞 "the" は「定まっている」名詞に付加します。the を付ける名詞は、特定性、限定性、固有性があることがポイントになってきます。それに対して、「不定」冠詞 a, an は「定まっていない」名詞に付加します。a, an を付ける名詞は「大勢のうちのどれか1つ」というニュアンスです。特定のモノを指していないことに留意しましょう。図42 の林檎の例をみてくだ

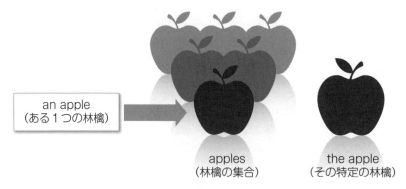

図42 「定冠詞(the)」と「不定冠詞(a, an)」

さい。

　林檎の集合からランダムに1個だけ取り出した林檎は"an apple"です。意識的に特定されている1個の林檎は"the apple"です。

「無冠詞」

　名詞を「無冠詞」にする場合は「単数性が意識されない」あるいは「抽象概念を指す」名詞の場合です。例えば、"swimming"（水泳をすること）は動名詞であり名詞の一種ですが、1つ、2つと数えられません。かつ、具体的な物質でなく抽象概念を指す名詞となります。よって、"the swimming"とも"a swimming"とも言いません。他の「無冠詞」の例として、図43の林檎の一切れを見てください。

　例えば、「林檎の一切れ」を指すことを考える場合、事物としてフォーカスが当たっているのは「一切れ」の方であり、1個の単位よりも細切れとなってしまった林檎は抽象概念に近いです。この場合、"a piece of apple"とし、appleに冠詞は付きません。

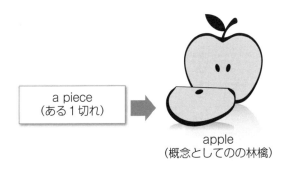

図43　「無冠詞」

第3章 「受験英語」は全ての基礎

10 不定詞と動名詞

　非常に大雑把に言うと、動詞「do」がある場合、不定詞は「to do」、動名詞は「doing」という形式をとります。不定詞と動名詞の使い分けが混乱してしまうと、文意が大きく変わってしまいます。ですが、日本人は不定詞と動名詞を混同していることが多いため、技術英語でも鬼門と言えるポイントです。

「不定詞」と「動名詞」

　筆者の持論ですが、「不定詞」と「動名詞」は1セットで覚えた方が良いです。「不定詞の名詞的用法」と「動名詞」の両者は、名詞に準じる使われ方（動詞の名詞化）をします。しかし、ニュアンスには大きな違いがあります。両者の違いを大雑把に示すと次のとおりです。

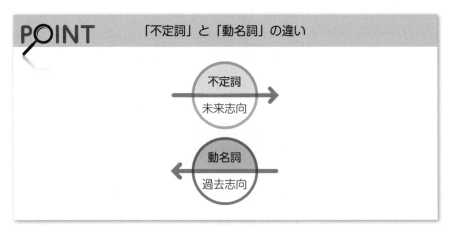

POINT　「不定詞」と「動名詞」の違い

　例えば、**図44**の場合、"try"と"study"という2つの動作の時系列を考慮するのがポイントです。上に示したとおり、不定詞は「左⇒右」、動名詞は「右⇒左」です。

　"I tried <u>to study</u> English." という文は不定詞を用いており「左

10　不定詞と動名詞

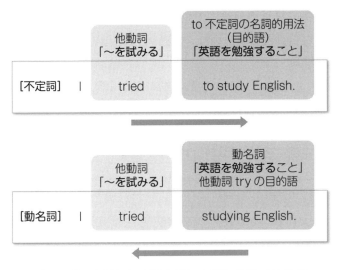

図44　「不定詞」と「動名詞」の訳し分け（その1）

(tried) ⇒右 (study)」の時系列です。つまり、先に"tried"（試みる）してから、次に"study"（勉強する）という順序です。よって、この英文は「私は英語を**勉強しようと試みた**」と訳します。つまり、試みはしたのだけれど、ひょっとしたら、結局、英語を勉強しなかった可能性もあります。

"I tried **studying** English." という文は動名詞を用いており「右 (studying) ⇒左 (tried)」の時系列です。つまり、先に"studying"（勉強する）してから、次に"tried"（試みる）という順序です。よって、この英文は「私は**試みに**英語を**勉強してみた**」と訳します。つまり、「英語を勉強した」という事実は断定的です。

「動名詞」しか目的語にとれない他動詞

　「不定詞」と「動名詞」の訳し分けの際に、「動名詞」しか目的語にとれない「他動詞」があるということに注意しましょう。話がややこしいので

第3章 「受験英語」は全ての基礎

すが、「自動詞」と「他動詞」の両方の使われ方があり得る動詞の場合は、動詞の解釈（「自動詞」あるいは「他動詞」）を誤ると、文意が大きく変わってしまいます。

　例えば、動詞"stop"には「自動詞」（立ち止まる）と「他動詞」（〜することを止める）の両方の使われ方があり得ます。かつ、他動詞としての"stop"は、目的語として動名詞をとることはできます。しかし、目的語として to 不定詞（名詞的用法）はとれません。

　以上を踏まえて、図45の場合、"stop"と"smoke"という2つの動作の時系列に注目します。

　"He stopped <u>to smoke</u>."という文は不定詞を用いており「左（stopped）⇒右（smoke）」の時系列です。つまり、先に"stopped"してから、次に"smoke"（喫煙する）という順序です。「他動詞としての"stop"は不定詞を目的語にとれない」という文法規則を考えると、この文の"stop"は自動詞であると断定できます。自動詞としての"stop"は

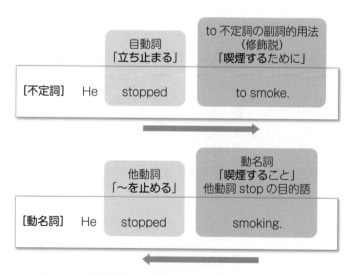

図45　「不定詞」と「動名詞」の訳し分け（その2）

「立ち止まる」と訳します。よって、この英文は「彼は喫煙するために<u>立ち止まった</u>」と訳します。

"He stopped <u>smoking</u>."という文は動名詞を用いており「右 (smoking) ⇒ 左 (stopped)」の時系列です。つまり、先に"smoking"(喫煙する)してから、次に"stopped"という順序です。この文の"stop"は動名詞"smoking"を目的語とする他動詞となります。他動詞としての"stop"は「～することを止める」と訳します。よって、この英文は「私は喫煙すること<u>を止めた</u>」と訳します。

図45の"stop"のように、目的語として動名詞しかとれない他動詞のことを"megafepsda"(メガフェプスだ)と語呂合わせで覚えます。動名詞しか目的語にとれない他動詞の例を**表9**に示します。

表9 動名詞しか目的語にとれない他動詞の例

m	mind「～するのを気にかける」、miss「～し損なう」
e	enjoy「～するのを楽しむ」、excuse「～を許す」
g	give up「～するのをあきらめる」
a	avoid「～するのを避ける」
f	finish「～するのを終える」
e	escape「～するのを避ける」
p	postpone＝put off「～するのを延期する」
s	stop「～するのをやめる」
d	deny「～するのを否定する」
a	admit「～するのを認める」

第3章 「受験英語」は全ての基礎

解釈が分かれる英文法

　本章では、社会人の学び直しの一環として、受験英語レベルの英文法をおさらいしました。ビジネス（エンジニアリング）の現場においても、受験レベルの英語力で必要十分なことがほとんどです。であると同時に、受験レベルと思って舐めてかかると、正直なところ、本章の内容は理解が曖昧なところが多かったのではないでしょうか。本章の英文法の知識がまさに「実践レベルの技術英語の合格最低点」だということを肝に銘じてください。

　本章を読むと、英文法には厳密なルールがあり、読み手の解釈が分かれる余地は比較的に少ないような印象を受けるかもしれません。しかしながら、英文法にも"グレーゾーン"が存在しており、日本人エンジニアは大きな落とし穴に陥る恐れがあります。その分かりやすい好例が次ページの「A is four times longer than B.」という英文の解釈です。一見、中学校レベルの単純な比較級の英文のように見えますが、数多くの日本人エンジニアがはまりがちな「技術英語」の大きな落とし穴が潜んでいます。

　「A is four times longer than B.」という英文の解釈は2通りに分かれてしまいます。1つ目の解釈（「全長」を基準とする）をとる場合は、例えば、Bの全長が4cmだとすると、Aの全長は16cmとなります。それに対して、2つ目の解釈（「AがBよりも長い部分」を基準とする）をとる場合は、例えば、Bの全長

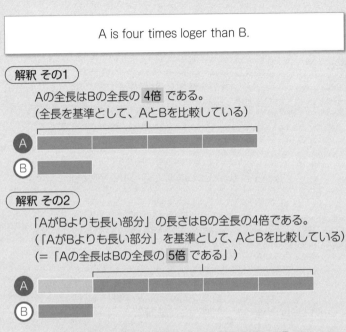

「A is four times longer than B.」の解釈2通り

が4cmだとすると、Aの全長は20cmとなります。この場合「AがBよりも長い部分」の長さは「Aの全長20cm－Bの全長4cm＝16cm」となります。そうすると、確かに「AがBよりも長い部分」の長さである「16cm」は「Bの全長4cm」の「4倍」となっています。

そもそも、「A is four times longer than B.」という英文を愚直に直訳すると「AはBよりも4回分だけ長い」と言っているだけにしか過ぎません。このような英文はエンジニアリングの現

第3章 「受験英語」は全ての基礎

場で頻出しそうですが、相手の解釈のブレによっては意図する結果が大きく異なってしまいます。まさに「技術英語」の重大事です。

もしニュアンスを厳密に表現したい場合は、次に示すように「A is N times as（形容詞）as B.」という定型表現を使うのが無難でしょう。

「AはBの4倍の長さである」の英文例

A is four times as long as B.
（AはBの4倍の長さである）

この英文は、前ページの1つ目の解釈（「全長」を基準とする）をされることが確実であるため、解釈のブレによる誤解を招くことがありません。エンジニアリングの現場で用いる「技術英語」において、数量を誤解なく正確に相手に伝えることは必要最低限のことのはずですが、こんな必要最低限のことでさえも、大きな落とし穴が潜んでいるのです。誤解のリスクを最低限に抑えるためには、（英文法的に誤りでは無いですが）「A is four times longer than B.」という英語表現を使用するのは控えて、代わりに、「A is four times as long as B.」という英語表現を使用するように心がけるというのが実践レベルでの技術英語のテクニック（ノウハウ）となります。

第4章 「技術英語」全般に通じる議論

「第1章 「技術英語」の概要」でも述べましたが、エンジニアリングの世界で扱われる英語ドキュメントおよび「技術英語」の使用事例は多岐にわたります。本書の想定読者であるエンジニアの専門分野も多岐にわたることでしょう。本章では、専門分野や使用事例の違いを問わず、「技術英語」全般に通じる普遍的なポイントを解説します。

特に、「技術英語」つまり、理工系のエンジニアリングの世界で用いる英語として逃れることができないのは「数字（数式）」です。英語学習者にとって鬼門（意外な盲点）となるのが「数字（数式）」の表現です。筆者の周りでもTOEIC高得点や実用英検準1級等の英語の"猛者"であっても、英語の「数字（数式）」が頭から瞬時に出てこないということが往々にしてあります。ですが、科学技術を扱うエンジニアリングの仕事をしている以上は、英語の"猛者"でないとしても、「数字（数式）」の表現をマスターしましょう。特に、「数字（数式）」を読み上げる（発音する）コツは必修です。

1 英語文書の"型"（Style）

最初に、文書の「型（Style）」について言及したいです。どんな種類の文書でも、ある程度はお決まりの記述パターンがあります。換言すれば

第4章　「技術英語」全般に通じる議論

「雛形（Template）」や「形式（Format）」が予め決まり切っています。要するに、その「型」に沿って文書作成を進めると労力を削減し、内容が的外れになるのを抑止できます。

「第1章 「技術英語」の概要」では「英語と言っても色々と種類がある」と述べました。「第2章 「英語」の前にまずは「日本語」で」においては「言語に依存しない文章作成の原理原則がある」とも述べました。これらを整理すると「普遍的な原理原則を遵守し、TPOに応じた種類の英語を使い分ける」ことがポイントとなってきます。そこで、重要となってくるのは「型」という考え方です。偉大な先人が作成した英文資料を精読し、徹底的に真似るようにしましょう。余談ですが、「学ぶ」という言葉の語源は「真似ぶ（まねぶ）」です。余力があれば、上級者の英文を模写しましょう。これを"写経"と呼んでます。愚直ですが、学習効果は高いです。インターネットの検索エンジンで検索すれば「雛形」「形式」「型」に相当する情報が数多くヒットします。自分でゼロから英作文しようとするよりも、まずは、こういったインターネット上の先人のお手本をイチから真似するのが良いでしょう。

2　用語集（Glossary）は全ての要

マニュアルや仕様書といった技術文書を作成するときに留意したいポイントは次のとおりです。

> **POINT**　単語の用法の鉄則
>
> 「1つの単語は1つの意味に絞る」

（完全に避けるのは無理かもしれませんが）1つの文章内で、同一の単語

2 用語集(Glossary)は全ての要

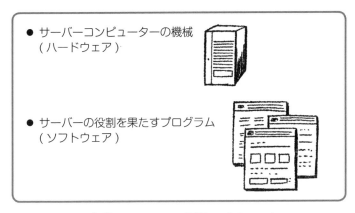

図1 英単語 "server" の解釈のバリエーション

が複数の意味合いで使われるのを極力避けましょう。特に、自分と異分野の人との意思疎通時には要注意です。

例えば、"server" という英単語を例に挙げましょう。この "server" という英単語はIT業界で多用されますが、意味合いが曖昧な単語です。ITエンジニアが何の事前説明もなく "server" という英単語だけを聞いた限りでは、図1にある解釈2通りに分かれる可能性があります。

つまり、大まかに言うと、"server" という英単語は物理的な実体がある高性能コンピューター(ハードウェア)を指す場合もあれば、そういったコンピューターの中で動作するプログラム(ソフトウェア)を指す場合もあるのです。ややこしいことに "server" とだけ言われてもハードウェアを指すか、あるいは、ソフトウェアを指すかは状況に応じて変わってきます。このような解釈の幅は1つ間違えると利害関係者間で致命的な行き違いにつながる恐れも出てきます。こういったミスを防ぐためには、まどろっこしい(説明くさい)表現にはなりますが、例えば、ハードウェアは "server computer"、ソフトウェアは "server program" と呼んで明確に区別することが考えられます。業界によって解釈の幅が出てきそうな英単語の一例を表1に列挙しました。

第4章 「技術英語」全般に通じる議論

表1　解釈の幅が出てきそうな英単語の一例

英単語	解釈の幅
application	適用 or アプリ
client	顧客 or 子プログラム
account	勘定 or システムのアカウント
power	力 or 電源
package	包装 or パッケージソフトウェア

　上述したように、読者や書き手の属性（業種や背景など）によって解釈の幅が出てくる英単語が数多くあるため、そういった英単語の解釈を標準化（統一）して、可能であれば、英文作成の際に用いるべき英単語も標準化（統一）することが望ましいです。そのために作成（活用）すべきなのが「用語集（Glossary）」となります。「技術英語」において「用語集」は最重要要素の1つです。特に「英文マニュアルの作成」や「ソフトウェアのローカライズ」では用語集の作成が必須です。複数人のチームで作業をしている際に生じやすい問題点として「同一事象を指す表現にバラツキが生じる」ことが多いです。表1は「同一の英単語に対して和訳のバラツキが生じる」ことを示していますが、その逆の議論で**表2**に示すように「同一の日本語に対して英訳のバラツキが生じる」こともあります。

　表2に示すような英訳のバラツキを最小化するため、用語集を作成して

表2　解釈の幅が出てきそうな日本語の一例

日本語の単語	解釈の幅
顧客	customer/client
会社	company/corporation
クラウド	Cloud computing/Cloud service
保護	protection/guard
検証	check/verification/validation/test

表3 「用語集（Glossary）」作成のメリット

メリット	説明
専門用語の知識共有	難解な専門用語の知識を用語集により共有する。各人が独自で調査する必要がなくなる。
頻出用語の把握	例えば、マニュアル内での出現頻度が高い用語は、巻末の「用語一覧」や「索引（Index）」に掲載するという判断が出来る。
再利用性の向上	端的に言うと「コピペ用の素材」となる。定訳があれば、判断に迷うことが減る。

各人が用いる表現を標準化すべきです。表現の標準化以外に「用語集（Glossary）」には**表3**に示すメリットがあります。

3 語と語の結びつき（Collocation）

　「コロケーション（Collocation）」とは、語と語の間の自然なつながりを指します。例えば、「強い雨」は"heavy rain"といい、「強い風」は"strong wind"と英訳するのが自然です。逆に、"strong rain"や"heavy wind"としても全く通じないことはないですが、ネイティブ視点で違和感のある不自然な英語となります。その理由は、rainという名詞にとっては、strongよりもheavyの方が語のつながりが強いからです。では、何故そのようなコロケーションになっているのかと疑問に思うかもしれませんが、筆者には答えようがありません。投げやりな回答かもしれませんが、「そうなっているから、そうなっているのだ」ということです。コロケーションに関しては、とにかく場数を踏んで少しずつ覚えていくしかありません。コロケーションを習得するのに有益なツールに関しては、「第9章　お薦めの英語の勉強法」で詳述しますが、「英辞郎」や検索エンジンを活用すると良いでしょう。

第4章 「技術英語」全般に通じる議論

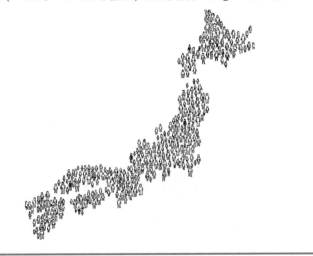

- Japan has **large** population.

※ 「多い」に相当する英単語を考えると many, much, big 等も思いつくかもしれないが、"population"（人口）という名詞と最も相性が良い（＝コロケーションが強い）のは形容詞 "large" となる。

図2 「日本は人口が多い」のコロケーション

　ちなみに「日本は人口が多い」は何と訳すでしょうか。"Japan"（日本）を主語とするならば**図2**のようになります。

　図2の場合で "many" や "big" を用いたとしても相手の外国人が日本人の言わんとすることを推察してくれる可能性が高いと思います。しかし、最も自然な英文としては "large" を用いるべきです。

　参考までに、コロケーションの一例を**表4**に示します。

　英語のコロケーションは無尽蔵にあるため、挙げても挙げてもキリが無いです。読者だけでなく、かく言う筆者自身もコロケーションには日々苦しめられていますが、とにかく試行錯誤して自然な英語に近づけていくしかありません。コロケーションは自然な英語に欠かせませんし、「コロケ

表4　コロケーションの一例

日本語	自然な英語	説明
白黒	black and white	日本人は日本語の語順に引きずられて、ついつい "white and black" としそうですが、英語の語順は逆です。
日時	time and date	「白黒」と同様に、日英で語順が逆のパターンです。"date and time" でも通じないことはないですが、多数派は "time and date" です。
規則を破る	break a rule (violate a rule)	「破る」を "tear" と解釈して "tear a rule" とするのは誤りです。
濃いコーヒー	strong coffee	「濃い」を "dense" と解釈して "dense coffee" とするのは誤りです。
昼食をとる	have lunch	「〜をとる」を "take" と解釈して "take lunch" とするのは誤りです。

ーションは一日にしてならず」です。

4　単位

単位で留意すべきポイントは次のとおりです。

POINT　単位で留意すべきポイント

- SI UNIT（国際単位系）
- 米国で用いられている単位

「SI UNIT（国際単位系）」とは、国際的に通用する単位です。図3に示すとおり、7つのSI基本単位と接頭語の組合せ（乗除）で全ての単位を表します。

図3に示す基本単位以外に、例えば、電気のW（ワット）やV（ボル

第4章 「技術英語」全般に通じる議論

量	基本単位	
	名称	記号
時間	秒	s
長さ	メートル	m
質量	キログラム	kg
電流	アンペア	A
熱力学温度	ケルビン	K
物質量	モル	mol
光度	カンデラ	cd

数	接頭辞
10^9	ギガ (giga) G
10^6	メガ (mega) M
10^3	キロ (kilo) k
10^{-3}	ミリ (milli) m
10^{-6}	マイクロ (micro) μ
10^{-9}	ナノ (nano) n

図3 SI UNIT の一覧

表5 日本と米国の単位の違い

単位	世界標準（日本を含む）	米国
長さ	基本は「メートル (meter)」	● インチ (inch) (＝2.54cm) ● フィート (feet) (＝12インチ) ● ヤード (yard) (＝3フィート) ● マイル (mile) (＝1760ヤード)
重さ	基本は「キログラム (kilogram)」	● オンス (ounce) (＝約28g) ● ポンド (pound) (＝16オンス)
量	基本は「リットル (liter)」	● オンス (ouncc) (＝約30ml) ● ガロン (gallon) (＝128オンス)
温度	摂氏 (Celsius)	華氏 (Fahrenheit) (＝9/5＊C＋32)

ト)、周波数を示す Hz（ヘルツ）、力を示す N（ニュートン）といった単位もありますが、これらの基本単位以外の単位は「組立単位」といって基本単位の組合せで表現できることになっています。

SI 国際単位以外で単位に関して注意すべきは、**表5**に示すように、米国で用いられている単位は、日本を含む世界標準と異なるということです。

表5に示すように、米国は日本と異なる単位を用いています。米国の単位は日本人にとって盲点となりやすいポイントですので注意しましょう。

5 数字(数式)の読み方

英語の数字の読み方

　英語の数字の読み方は、日本人にとって鬼門です。いわゆる「3桁刻み」が難しいのです。基本的には、英語の数字の「一千」以上の位に関しては「3桁刻み」に対応する数字の単位があります。例えば、「1兆2345億6789万123（1,234,567,890,123）」の場合は、**表6**に示すとおり、「trillion（一兆）」「billion（十億）」「million（百万）」「thousand（一千）」という数字の単位が用いられます。いわゆる「3桁刻み」の「カンマcomma（,）」が挿入される位置に、数字の単位が出てくるイメージです。

表6　数字の単位の例

1	,	234	,	567	,	890	,	123
↓	一兆	↓	十億	↓	百万	↓	一千	↓
1	trillion	234	billion	567	million	890	thousand	one hundred twenty three

　「一千（thousand）」未満の3桁の数字に関しては、そのまま読み上げます。例えば、表6の例の場合は、「一千（thousand）」未満の3桁の数字は「123」となり、「one hundred twenty three」と発音します。あるいは「one hundred and twenty three」というようにhundredの直後にandを入れることもあります。英語圏においては「一千（thousand）」未満の3桁の数字は最も基本的な数え方の最小単位のようなものです。日本人が「九九」を丸暗記するように、まずは、「一千（thousand）」未満の3桁の数字が口からスラスラと出てくるように練習しましょう。
　「一千（thousand）」未満の3桁の数字の数え方をマスターしたら、次は、桁数が大きい数字の数え方をマスターしましょう。例えば、

第4章 「技術英語」全般に通じる議論

「2,345,678,912（23億4567万8912）」という数字は英語でどう発音するでしょうか。その答えは表6の場合と同様に「3桁刻み」の「カンマ comma (,)」に着目します。**図4**に示すとおり「billion（十億）」「million（百万）」「thousand（一千）」という数字の単位を用います。

図4を見れば分かりますが、英語の世界において、「2,345,678,912」は「2個のbillion（十億）と345個のmillion（百万）と678個のthousand（一千）と912」であると解釈します。それに対して、日本人の漢数字の考え方だと「2,345,678,912（23億4567万8912）」は「23個の

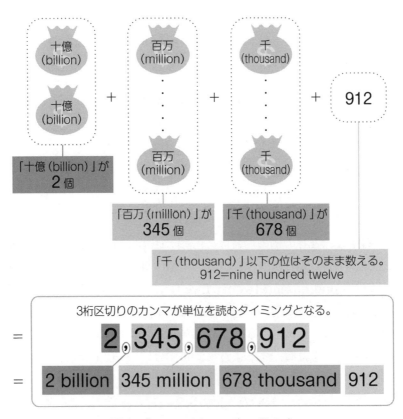

図4　「2,345,678,912」の数え方

"億"と4567個の"万"と8912」(いわゆる「4桁刻み」)であると"無意識"のうちに解釈してしまいます。この日本人に染みついた"無意識"の「4桁刻み」というのが曲者でして、たかが数字の数え上げにしか過ぎないのですが、日本人が英語の数字を発音するのに大苦戦する背景となっています。電話会議等で売上額などの大きな数字を読み上げようとするだけでも一苦労です。正直、筆者も桁数の大きい数字はいまだに苦手です。ですが、「技術英語」では決して避けて通れない道です。

小数（Decimal fraction）

小数点（.）を point と読み、以下の数字は一桁ずつ数字を読んでいきます。

例えば、"3.14"は"three point one four"と読みます（"three point fourteen"ではないことに注意）。

分数（Fractions）

原則的には「分子(基数)＋分母(序数)」の順で示します（分子はnumerator、分母はdenominator）。例えば、"1/7"は"one seventh"と読みます（"one seven"ではないことに注意）。

分子が2以上の場合は複数形を用います。例えば、"3/7"は"three sevenths"と読みます（"three seventh"ではないことに注意）。例外的に、1/2は"a half"、1/4は"a quarter"と読みます。3/4は"three quarters"と読みます。

複雑な分数（fractions）の場合、「分子 over 分母」と読みます。例えば、"111/112"は"one hundred eleven over one hundred twelve"と読みます（"one hundred eleven over one hundred twelfth"といったように、分母を序数にしないことに注意）。

数式の読み方

英語上級者でも苦戦するのが「数式の読み方」です。例えば、「x^n」「$x:y$」「$(x+y)z$」は文字ならば簡単に読めるでしょうが、口からスラスラと音読できるでしょうか。

主立った数式の読み方を**表7**に示します。

数学の用語

数式と同様に、英語上級者でも盲点となりがちなのが「数学の用語」です。数式の表記法は世界共通ですが、数学で用いられる用語は知らなければ使いようがありません。特に、「四捨五入」「反比例」「最大公約数」等はエンジニアリングだけでなく普通の日常会話でも出てきそうなキーワードですが、口からスラスラと出てくるでしょうか。

基本的な「数学の用語」を**表8**に示します。

5 数字(数式)の読み方

表7 数式の読み方

数式	読み方
$10+20=30$	10 plus 20 equals 30.
$30-10=20$	30 minus 10 equals 20
$5\times 8=40$	5 times 8 is 40 5 multiplied by 8 equals 40
$20\div 5=4$	20 divided by 5 equals 4.
x^2	x squared
x^3	x cubed third power of x
x^n	x to the nth power
$x<y$	x is less than y
$x\leqq y$	x is less than or equal to y
$x>y$	x is greater than y
$x\geqq y$	x is greater than or equal to y
$x:y$	the ratio of x to y
$x\pm y$	x plus or minus y
$\sqrt{a}$	the square root of a
$\sqrt[3]{a}$	the cube root of a
$\sqrt[n]{a}$	nth root of a
$x\neq y$	x is not equal to y
$2x+y$	two x plus y
$2xy$	two xy
$20/2=10$	20 over 2 is 10
$(x+y)^2$	open parentheses x plus y close parentheses squared
$\|x-y\|$	the absolute value of x minus y
$f(x)$	function of x
$!$	factorial
Σ	Sigma the summation of

第4章 「技術英語」全般に通じる議論

表8 数学の用語

日本語	英語	日本語	英語
定理	theorem	偶数	even number
公式	formula	奇数	odd number
代数	algebra	最大公約数	Greatest common divisor
幾何	geometry	最小公倍数	Least common multiple
整数	integer	素因数	Prime factor
素数	prime number	因数分解	factorization
自然数	cardinal number	四捨五入	round off
序数	ordinal number	切り上げ	round up
基数	radix	切り捨て	round down
比例	proportion	反比例	inverse proportion
方程式	equation	恒等式	identity
1次関数	linear function	角柱	prism
2次関数	quadratic function	角錐	pyramid
微分	differential	円柱	cylinder
導関数	derivative	円錐	cone
積分	integral	合同	congruence
面積	area	相似	similarity
体積	volume	対称	symmetry
頂点	vertex	台形	trapezoid
円	circle	正方形	square
楕円	ellipse/oval	長方形	rectangle
半径	radius	菱形	rhombus
直径	diameter	多角形	polygon
三角形	triangle	直角に交わる	perpendicular
四角形	quadrangle	〜と平行である	parallel to

通話表

「通話表（Phonetic code）」というのは、アルファベットの口頭での伝え方をまとめた表です。英語圏では標準化（統一化）された「通話表」が存在します。通話表は、帯域が狭く、歪や雑音の多い無線電話で、話者の発音の癖などがあっても、原文を一文字ずつ正しく伝達する目的で生まれました。海外で、何かの申し込みを電話でする場合など、自分のフルネームやメールアドレスを口頭で伝える必要がある場合も出てきます。特に、メールアドレスは長くなりがちである上に、1文字の間違いでもNGなので、日本人にとって鬼門なのです。

表　通話表

A	Alpha	J	Juliet	S	Sierra
B	Bravo	K	Kilo	T	Tango
C	Charlie	L	Lima	U	Uniform
D	Delta	M	Mike	V	Victor
E	Echo	N	November	W	Whiskey
F	Foxtrot	O	Oscar	X	X-Ray
G	Golf	P	Papa	Y	Yankee
H	Hotel	Q	Quebec	Z	Zulu
I	India	R	Romeo		

第4章 「技術英語」全般に通じる議論

　標準的な通話表を表に示します。例えば、"BANDO"の場合は「B of Bravo、A of Alpha、N of November、D of Delta、O of Oscar.」という風に話します。

第5章 「技術英語」のアンチパターン（べからず集）

　技術英語の勉強がある程度進んできた中級者以上が"つまずき"やすい盲点が存在します。そして、ひっかかりやすい盲点はパターン化されていると言えます。つまり、多くの日本人が似たようなポイントでミスを犯すのです。こういったミスの中には、外国人の感情を害したり、取引上の紛争につながったりといった致命的な事態に発展しかねないミスもあります。

　本章では、筆者の経験に基づき、日本人が抱えている弱点（急所）の典型例の分析からスタートして、日本人が犯しがちなミスの紹介、更には、「第3章 「受験英語」は全ての基礎」で解説した内容に基づいて技術英語の間違いやすいポイント（英文法、英文読解、英作文の観点別）の解説を行います。

1 日本人の典型的な弱点（急所）

　筆者が日本人エンジニアの英語学習を分析したところ、英語において日本人には典型的な弱点があります。その弱点を次に示します。

第5章 「技術英語」のアンチパターン（べからず集）

> **KEYWORD**
>
> 日本人の典型的な弱点（急所）
> ① 英語の「瞬発力」に欠けている
> ② 日本語の表現に引きずられすぎる
> ③ 日本語と英語の言語構造の隔たりが大きい
> ④ 伝えたい内容を事前に整理できていない
> ⑤ 日本の英語教育が致命的欠陥を抱えている

各項目の詳細を下記に解説します。

① 英語の「瞬発力」に欠けている

一般的な日本人は、大学入試に備えて、単語帳をめくって英単語を脳に詰め込む経験をしているはずです。だから、英単語を丸暗記しているはずなのですが、いざ必要なときに肝心の単語が出てこないことが多いです。その原因は、語彙や表現が「生きていない」からです。己の血肉（人馬一体の感覚）と言えるほど、必要な語彙や表現が瞬発的に出てくるまで、ひたすら訓練しまくる必要があります。訓練の方法は「音読100回、書取100回、使用100回」の100本ノックが基本です。そうすれば、頻出したり、使い勝手の良かったりする語彙や表現ほど自然と身につくようになってきます。

② 日本語の表現に引きずられすぎる

「空気を読む」という日本語の慣用表現はどう英訳すれば良いでしょうか。「空気」は"air"、「読む」は"read"と直訳して"read the air"と訳すでしょうか。それで、ニュアンスが外国人に正確に伝わるでしょうか。筆者が強いて英訳するとしたら、"consider the atmosphere"とするでし

ょう。この英語の直訳は「雰囲気を熟考する」となります。「空気」という「雰囲気」を示す比喩表現は、日本語独自の前提です。だから、「空気」を"air"と訳すのは無理があります。「第6章 「和文和訳」という最重要テクニック」で詳述しますが、自然な英語とするためには、単なる和文の直訳だけでは不十分であり、和文和訳のプロセスが必須となります。海外は文脈依存性が低い文化（low context）であるので、同調性圧力が高い日本とは異なり、国民一般に通用する「空気」そのものが存在しないのです。

③ 日本語と英語の言語構造の隔たりが大きい

英語話者から見た外国語の習得難易度を図1に示します。英語話者にと

図1 日本語は習得に時間を要する言語[1]
出典：https://voxy.com/blog/2011/03/hardest-languages-infographic/

って、日本語は習得が難しい（2000時間以上）部類に入る言語です。

図1は「日本語と英語の関係性は最も遠い位置にある言語同士」ということを示しています。つまり、「英語話者にとって日本語のマスターは困難である」ということは、逆に言うと、「日本語話者にとって英語のマスターは困難である」ということも意味しています。

④ 伝えたい内容を事前に整理できていない

言語に依存しないポイントですが「（英訳前の日本語でもよいから）伝えたい内容を頭の中で事前にしっかりと整理しておく」という工夫をすべきです。英語に不慣れな日本人が英語を使おうとする場合には、この工夫が抜け落ちることが多いです。恐らく、英語の方に意識が向きすぎているからでしょう。支離滅裂な日本語を正確に英訳したとしても、支離滅裂な英語が正確に出てくるだけです。これは、IT業界の言い回しで「GIGO：Garbage-In Garbage-Out」と言います。つまり「ゴミを入力したらゴミが出力されるのは当たり前だ」ということです。日常会話ならば即興（improvisation）であるので、頭の整理が事前にできないのは仕方ない面もあります。しかし、電話会議やメールなど頭の整理をするに足るだけの時間的猶予がある場では、殴り書きのメモでも良いので、伝えたい内容を箇条書きにて構造化しておくと良いです。

⑤ 日本の英語教育が致命的欠陥を抱えている

日本の英語教育のスタイルは、先生からのinput中心の授業であり、生徒がoutputする機会がほとんどありません。それに、inputと言っても、Reading偏重です。つまり、日本の英語教育を済ませても、WritingとListeningとSpeakingがほとんど手つかず状態のまま残ってしまいます。しかも、残念ながら、学校の英語教師の英語力に難がある場合も少なくありません。例えば、中学校の教員の場合、実用英検2級程度の英語力もない場合もあります。更に、悪いことに、日本人は英語の発音に難がある場

合が多いです。当然、発音が悪い先生から正しい発音を学べる訳がありません。生憎、ネイティブの英語話者である外国人講師の手が足りていないため、ほとんどの日本人は、英語教育を受ける学生期間において、自分の発音を矯正したり、英語の発話の周波数に耳を慣らしたりする訓練ができていないのです。

2 日本人が犯しがちなミス

筆者の経験則ですが、日本人が英語で誤るパターンはある程度決まっているように感じます。例えば、次のようなパターンを実際に見てきています。

> **KEYWORD**
> 日本人が犯しやすいミスの類型例
> ① 幼稚な表現
> ② 差別語
> ③ 不要かつ冗長な文を書く

各項目の詳細を下記に解説します。

① 幼稚な表現

例えば、次に挙げる英文は一見 OK そうに思えるかもしれませんが…
実は、ネイティブの英語話者が読むと「幼稚な日本人」の印象を受けます。

第5章 「技術英語」のアンチパターン(べからず集)

> **幼稚な表現の英文例**
>
> ・本日、貴社を訪問したい場合
>   ⇒ I want to visit your office today.
> ・携帯電話の番号を聞きたい場合
>   ⇒ What is your mobile phone number?
> ・すぐに返信が欲しい場合
>   ⇒ Please reply me soon.
> ・協力者に感謝を伝える場合
>   ⇒ Thank you!
> ・遅刻をお詫びしたい
>   ⇒ Sorry!

では、"幼稚さ"を是正するにはどうすれば良いでしょうか。

本日、貴社を訪問したい場合

> (×) I want to visit your office today.
>   (○) I would like to visit your office today.

"want to"は親しい友人に話しかけるようなカジュアルな表現です。ビジネスの場では "I would like to(I'd like to)" が無難です。

携帯電話の番号を聞きたい場合

> (×) What is your mobile phone number?
>   (○) May I have your mobile phone number?

「電話番号は何か？」という訊き方はストレート過ぎます。むしろ、"May I have ～?"として「～を伺ってよろしいでしょうか？」と許可を求める形にします。

すぐに返信が欲しい場合

(×) Please reply me soon.
(○) Could you reply me soon?

日本人に多い誤解の1つに「"Please"さえ使えば、命令文が丁寧な表現になる」というものがあります。実際は、"Please"を付けたとしても、すごく丁寧な表現になる訳ではありません。むしろ、"Please"を多用しすぎると、懇願口調が鼻につく恐れもあります。"Could you ～?"「～して頂けますでしょうか？」というように質問文にしておけば、命令文のような強制（押しつけがましさ）を感じなくて済むでしょう。

(×) Please reply me soon.
(○) I would really appreciate it if you reply me soon.

あるいは、"I would (I'd) really appreciate it if ～"「～であれば、真に感謝致します」というのも比較的よく使われる表現です。wouldという助動詞により、ifの条件節の話が成立したら「感謝するであろう」という未来（期待）のニュアンスを出しています。なお、"appreciate"は他動詞であり目的語を必要とします。if節以下を指す形式的な目的語の"it"が必要なので注意しましょう。

第 5 章 「技術英語」のアンチパターン(べからず集)

協力者に感謝を伝える場合

> (×) Thank you!
> 　　　(○) Thank you very much for your cooperation!
> 　　　(◎) I really appreciate your sincere cooperation.

　公式な場での謝辞は、感謝する対象を明示するのが一般的です。よって、「貴方の協力」に対して感謝しているのだという方が良いです。更に言うと、"Thank you"は友達に話しかけるようなカジュアルな表現なので、ビジネスの場では"I really appreciate ～"「～に大変感謝しております」という表現が使いやすいです。

遅刻をお詫びしたい場合

> (×) Sorry!
> 　　　(○) I am very sorry for being late.
> 　　　(◎) I would like to apologize for being late.

　感謝の場合と同様に「謝罪の対象」を言うべきです。"Sorry"も友達に話かけるようなカジュアルな表現なので、ビジネスの場では"apologize for ～"「～に関して謝罪します」という表現が使いやすいです。

その他の稚拙な表現

　他に幼稚だと言われる表現の一例は次の通りです。

- 文頭の Because
  ⇒ Because 節は副詞節なので、単独では文とならない。"That (It) is because ～"の方がよい。
- You know,「あのね」Well,「ええと」let me see「んんと」の乱発
  ⇒ 聞いている方が馬鹿にされている気分になってくる。
- 文頭の So,「そうなので」
  ⇒ 口語では許容だが、文書は"Then,""Therefore,""Thus,"といった接続詞を使う方がよい。
- 文頭の And,
  ⇒ 累加表現ならば、"In addition,""Besides,"の方がよい。
- 文頭の But,
  ⇒ 逆接ならば、"However,"の方がよい。

② 差別語

　近年、"Political Correctness"（PC）という概念が注目されつつあります。差別に対する目が厳しくなってきているのです。「人種差別」「性差別」「障がい者差別」などが差別の代表です。当たり前の話ですが、差別を連想させる表現の使用は控えましょう。特に、米国を代表とする海外は、日本以上に差別に対して厳しい対処をとります。逆に言うと、日本人は差別に対して、悪い意味で寛容（無神経）な面があるのも事実です。勿論、差別語を積極的に使おうという日本人はまず居ないでしょうが、「第1章「技術英語」の概要」で紹介した「俗語（Slang）」と同じく、差別語を知識として抑えておきましょう。

「人種」に関する差別語
　「人種のるつぼ」の米国の歴史は、ある意味、人種差別の歴史でもあり

第5章 「技術英語」のアンチパターン(べからず集)

ました。そういう歴史的な背景もあり、米国の街中で、人種差別用語をうっかりと口に出したりしようものなら何をされてもおかしくないので要注意です。「人種」に関する差別語の例を次に紹介します。

- "nigger" または "nigga"
  ⇒ 「ニガー」と発音する。黒人を侮蔑する表現である。"African American"(アフリカ系アメリカ人)と呼ぶのが無難。
  ※ 日本語の「苦い」と発音が近い。コーヒーを飲む時は要注意である。
- "Chink"
  ⇒ 中国人の蔑称。"Chinese people" が無難。
- "Jew"
  ⇒ ユダヤ人の蔑称。"Jewish people" が無難。
- "Red neck"
  ⇒ アメリカ南部・中西部の、教養の無い、低所得者層の白人の蔑称である。
- "Yank"
  ⇒ アメリカの白人の蔑称。"Yankee"(ヤンキー)という蔑称の方が有名である。
- 肌の色(Skin color)
  ⇒ 人種ではないが、肌の色について直接的な言及は避けた方が無難である。

「性」に関する差別語

海外はLGBT(Lesbian、Gay、Bi-Sexual、Trans-Gender)の権利意識が日本より進んでいる国も多いです。表1に示すように、職業の名称など、男女の性差を排除する表現に切り替わりつつあります。

2 日本人が犯しがちなミス

表1 性差を意識しない英単語の例

日本語	英語（男女を区別する）	英語（男女を区別しない）
航空添乗員	steward/stewardess	flight attendant
営業	salesman	sales representative
消防士	fireman	fire fighter
女優	actress	actor
警察官	policeman	police officer
事業家	businessman	business person
人類	mankind	humankind (human being)

　男女両方を指す可能性がある一般名詞（例："college student"は男女両方があり得る）に対する人称代名詞の"he/she"は"he or she"と併記するのが無難です（"he"しか書かないのは女性蔑視と解釈されます）。あるいは、複数形の人称代名詞である"they"でごまかすという手もあります。

「障がい者」に関する差別語

　「障がい者」の「障がい」に相当する英単語は「handicap（ハンディキャップ）」だと考えている日本人が多いですが、英語圏では「handicap」という英単語にネガティブな響きがあるため好まれません。次に示すように「challenged」という表現を使う方が無難でしょう。

―――――「障がい者」を指す英単語―――――
・"the handicapped" ⇒ "the challenged"
　⇒ ここでのチャレンジとは「（障害に）立ち向かっている人」というニュアンスである。

第5章 「技術英語」のアンチパターン（べからず集）

表2　ネガティブな表現の言い換え（アメリカン・ジョーク）

ネガティブな単語	言い換えた表現
ugly 容姿が劣った	aesthetically challenged 美的困難に立ち向かっている
poor 貧しい	financially challenged 経済的困難に立ち向かっている
fat 太った	horizontally challenged 水平方向への困難に立ち向かっている
short 背の低い	vertically challenged 垂直方向への困難に立ち向かっている
old 年配の	chronologically challenged 年齢的困難に立ち向かっている

　日本語には「ネガティブな響きがある言葉を言い換えるべき」という考え方がありますが、英語でも同様の考え方があります。前ページに出てきた「challenged」という表現を用いて、ネガティブな表現の言い換えを"アメリカン・ジョーク"的に示したのが**表2**です。

　ちなみに、日本語でも「障害者」を「障がい者」と書くようになりました。「害」という漢字のマイナスイメージを忌避しているようです。

③ 不要かつ冗長な文を書く

　例えば、「毎朝、朝食をとるのは、貴方の健康にとって重要だ」という和文を英作文するとき、次のように書いていないでしょうか。

冗長な英文の例（その1）

It is important for you to have breakfast every morning for your health.

　確かに、これは英文法的に誤りないですが、構造的に冗長な印象を受け

る文です。次のように書いた方がスッキリします。

---- ダイエットした英文の例（その1）----
Every morning breakfast is important for your health.

英文の語長は減りましたが、英文の示す内容が減った訳ではありません。ネイティブの英語話者にとって自然であり、分かりやすい英文を書くためには、このように英文のダイエットという発想が必要です。

上記と同様に、「XXXX社は倒産する可能性がある」という英作文を、次のように書いていないでしょうか？

---- 冗長な英文の例（その2）----
There is a possibility that XXXX company goes bankrupt.

上も間違いではないです。しかし、次のように、英文をスッキリとダイエットすることができます。

---- ダイエットした英文の例（その2）----
XXXX company might go bankrupt.

このように「文意を損ねない程度まで、文をどこまでダイエットできそうか？」という"Keep It Simple and Short"（KISS）の発想を持つと良いです。

日本語の冗長な表現を断捨離して、サッパリした英語表現を心がけるようにしましょう。冗長な英語表現のダイエット例を**表3**に示します。

第5章 「技術英語」のアンチパターン(べからず集)

表3 冗長な英語表現のダイエット例

日本語	冗長な英語表現	ダイエット後の英語表現
〔that 以下〕という条件で	under the condition that	if
（when 以下）という時に	at the time when	when
（why 以下）という理由のために	for the reason why	because
〜するために	in order to	to

表3に出てくる日本語はやや冗長さを感じる表現となっており、そのまま直訳すると、英語表現にも冗長さが出てきてしまいます。よって、文意を損なわない程度に一語の英単語で言い切ってしまい、英文をスッキリとダイエットするようにします。

3　間違いやすい英文法

英文法においても、日本人だからこそはまりやすい落とし穴があります。例えば、次に示す英文法に間違いやすいポイントがあります。

POINT　英文法で間違いやすいポイント

- 時制
- 動名詞
- 不定詞
- 冠詞
- 関係詞

時制

　日本人が間違いやすい英文法は「時制」(tense)です。特に「過去形」と「現在完了形」の使い分けが難しいのです。日本語の習慣として、「過去形」と「現在完了形」を厳密に使い分けることが無いからです。例えば、次に示す英文を訳し分けることはできるでしょうか。

―――― 「過去形」と「現在完了形」の使い分け（その1） ――――
- I studied English ten years ago.
- I have studied English.
- I have been studying English for ten years.

　"I <u>studied</u> English ten years ago."という英文は"studied"という動詞"study"の過去形を用いています。この英文は「"10年前という過去の時点"においては英語を勉強した」と述べていますが、現在がどうなっているか不明です。英語の勉強を続けているかもしれませんし、挫折しているかもしれません。

　"I <u>have studied</u> English."という英文は"have studied"という現在完了形を用いています。この英文は現在完了形の用法の中でも「完了」（～してしまった）あるいは「経験」（～したことがある）のどちらかに解釈されるでしょう。もし「完了」用法と解釈された場合は「英語を勉強しきってしまった」というニュアンスに捉えられなくもないです。

　"I <u>have been studying</u> English for ten years."という英文は"have been studying"という現在完了進行形を用いています。この英文は現在完了形かつ進行形という時制になっており、「継続」（～し続けている）と

いうニュアンスが明確になっています。つまり、「10年前、英語を勉強した」かつ「現在に至るまで英語を勉強し続けている」という両方のニュアンスを一文で表現しています。

他にも「過去形」と「現在完了形」の違いで引っかかりそうなのが次に示す英文です。

「過去形」と「現在完了形」の使い分け（その2）
・He went to the Silicon Valley.
・He has gone to the Silicon Valley.

"He <u>went</u> to the Silicon Valley." という英文は「（過去のある時点で）彼はシリコンバレーに行った」としか述べていません。つまり、現在の彼の居所は不明です。

"He <u>has gone</u> to the Silicon Valley." という英文は「（現在において）彼はシリコンバレーに行ってしまった」と述べています。つまり、現在の彼の居所がシリコンバレーであるのは明白です。"has gone" の場合は動詞 go の現在完了形の「完了」用法（〜してしまった）と解釈されるのが一般的です。

なお、「彼はシリコンバレーに行ったことがある」というように「経験」用法的なニュアンスを出したい場合は、例えば、"He <u>has been</u> to the Silicon Valley." と書きます。"been" というのは be 動詞の原形 "be" の過去分詞形です。

冠詞

ほとんどの日本人が苦手とする英文法は「冠詞」（article）です。日本

語には無い英語特有の概念だからです。あまりにも苦手意識が強すぎるため、冠詞を一切書かないという極端な日本人も居ます。しかし、冠詞を省くと英文全体のニュアンスが大きく変わってしまう場合があります。例えば、次の英文の訳し分けはどうでしょうか。

―― 冠詞（その1）――
・Yesterday I met a novelist and engineer.
・Yesterday I met a novelist and an engineer.

"Yesterday I met a novelist and engineer." という英文は名詞 "novelist" の直前にだけ "a" という冠詞が付き、名詞 "engineer" の前に冠詞はついていません。この場合、「novelist and engineer」という塊が1つの名詞と解釈されて、"a novelist and engineer" は「（ある1人の）小説家兼エンジニア」という意味になります。つまり、この英文の登場人物は「1人」のみです。

"Yesterday I met a novelist and an engineer." という英文は名詞 "novelist" の直前に "a"、名詞 "engineer" の直前に "an" という不定冠詞が付いています。この場合、「novelist」という1つの名詞と「engineer」という1つの名詞と解釈されて、"a novelist and an engineer" は「（ある1人の）小説家、と、（ある1人の）エンジニア」という意味になります。つまり、この英文の登場人物は「2人」居る訳です。

このように、冠詞の有無で、英文に出てくる登場人物の人数まで変化してしまう訳なのです。

「定冠詞（the）」と「不定冠詞（a、an）」の違いにも気をつけましょう。例えば、次の英文の違いは分かりますか。

第5章 「技術英語」のアンチパターン(べからず集)

冠詞（その2）

・He wants to hire an engineer.
・He wants to hire the engineer.

"He wants to hire <u>an</u> engineer."という英文は不定冠詞"an"を使っています。不定冠詞付きの"engineer"ですので、この英文のニュアンスとしては「彼はエンジニアであれば誰でも良い（個人を特定しない）から1人雇いたい」ということになります。

"He wants to hire <u>the</u> engineer."という英文は定冠詞"the"を使っています。定冠詞付きの"engineer"ですので、この英文のニュアンスとしては「彼は（心の中に具体的な個人を特定している）"あの"エンジニアを雇いたい」ということになります。

「定冠詞（the）」と「不定冠詞（a、an）」の違いによる落とし穴は他にも色々あります。次の英文を正確に訳し分けできますか。

冠詞（その3）

・I checked a number of eggs in the bag.
・I checked the number of eggs in the bag.

"I checked <u>a</u> number of eggs in the bag."という英文は不定冠詞"a"を使っています。実は、"a number of"が熟語となっており、「たくさんの～」という意味になります。皆さんお馴染みの熟語である"a lot of"に近い意味合いです。よって、この英文は「鞄の中にある<u>たくさんの</u>卵を確認した」という意味になります。

"I checked **the** number of eggs in the bag." という英文は定冠詞 "the" を使っています。"the number of" は「〜の数」という意味になります。よって、この英文は「鞄の中にある卵の**数**を確認した」という意味になります。

更に応用編となりますが、次は如何でしょうか。

冠詞（その4）

・It is out of question.
・It is out of the question.

"It is out of question." という英文は名詞 question の直前に冠詞がない（無冠詞）です。実は、"out of question" が熟語となっており「(疑いの余地もないほど) 明白な」という意味になります。

"It is out of **the** question." という英文は名詞 question の直前に定冠詞 "the" があります。この場合は "out of **the** question" が「問題の外側にある」というニュアンスとなり、結果として「それは問題外である」と訳します。

each/every/all

"each/every/all" の訳し分けも難しいところではあります。例えば、次の英文を見てください。

・Each member of the group studies English on Sundays.
・Every member of the group studies English on Sundays.
・All members of the group study English on Sundays.

"<u>Each</u> <u>member</u> of the group studies English on Sundays." と "<u>Every</u> <u>member</u> of the group studies English on Sundays." という "each"や"every"を用いる場合は名詞"member"が「単数」扱いとなります。それでは、"each"と"every"の違いは何かと問われそうですが、大雑把に説明すると、"each"は「全体を意識しないで、個別のもの一つひとつ」を指すのに対して、"every"は「全体を意識した上で、個別のもの全て」を指します。

"<u>All</u> member<u>s</u> of the group study English on Sundays." という英文のように、"all"を用いる場合は名詞"member<u>s</u>"が「複数」扱いとなります。"all"は単純に「全体のうち全て」ということです。

比較級と最上級

「比較級」(comparative)と「最上級」(superlative)も簡単なようで意外と難しいです。例えば、「教室の中で一番背が高い少年」を示すだけでも次に示す英文のバリエーションがあります。

―― 比較級と最上級 ――
- He is taller than any other boys in the classroom.
- He is the tallest of all boys in the classroom.
- He is the tallest boy in the classroom.

"He is tall<u>er</u> <u>than</u> <u>any other</u> boy<u>s</u> in the classroom." は直訳すると「彼は教室内の他のいかなる少年よりも背が高い」となります。"any other ～"で「他のいかなる～」という意味となり、複数を示す"any"が付くので名詞"boy<u>s</u>"は複数形となります。

"He is <u>the</u> tall<u>est of</u> all boys in the classroom." は直訳すると「彼は教室内で全ての少年のうち最も背が高い」となります。この場合の形容詞 "tall" は叙述用法（第2文型の補語として主語 He を説明する）となります。また、"all boys" の前置詞は、構成要素を示す "of" となります。

"He is <u>the</u> tall<u>est</u> boy in the classroom." は直訳すると「彼は教室内で最も背が高い少年である」となります。この場合の形容詞 "tall" は限定用法（名詞 boy を修飾することで、その指す範囲を限定する形容詞）となります。

日本人は最上級を示す場合には、必ず "the" を付けると思い込んでいるフシがありますが、次に示すように、実は "the" が付かない最上級もあり得ます。

---
the が付かない最上級

This lake is deepest here.

"This lake is deep<u>est</u> here." という英文は明らかに形容詞 "deep" の最上級である "deepest" を使っていますが、"deepest" の前に "the" を付けていません。その理由はこの英文は「比較の対象が自らの中だけで完結している」からです。つまり、例えば、"That lake" のような他の湖と比較して一番深いと言っているのではない場合は、形容詞の最上級であっても "the" を付けないのです。

前置詞

「前置詞」(preposition) は名詞の "前" に "置" くから「前置詞」です。たった一単語ですが、文意を大きく変えてしまうほどの威力を持つことが

第5章 「技術英語」のアンチパターン（べからず集）

あります。例えば、次の前置詞の違いはどうでしょうか。

前置詞（その1）

・I must finish my homework by 21:00.
・I must do my homework until 21:00.

"I must finish my homework <u>by</u> 21:00." という英文は前置詞 "by" を用いています。"by ～" で「～までに」（期限）を意味します。この英文は「21：00<u>までに</u>宿題を終わらせる必要がある」という意味になります。21：00は期限なので、例えば、19：00に宿題が終われば、それ以降の時間は宿題をする必要がありません。

"I must do my homework <u>until</u> 21:00." という英文は前置詞 "until" を用いています。"until ～" で「～まで」（期間）を意味します。この英文は「21：00<u>まで</u>宿題をする必要がある」という意味になります。21：00は期間の終端なので、宿題が早めに終わるかも知れませんが、とにかく、21：00までは宿題をする必要があります。

日本人が間違いやすい前置詞は他にもあります。次の英文の訳し分けができるでしょうか。

前置詞（その2）

・He arrived here in time.
・He arrived here on time.

"He arrived here <u>in</u> time." という英文は前置詞 "in" を用いています。

"in time"は熟語となっており「時間に間に合って」を意味します。この英文は「彼は時間に間に合うように、ここに着いた」という意味になります。この場合、彼は当初の定刻よりも早い時間に着いた可能性があります。

"He arrived here <u>on</u> time."という英文は前置詞"on"を用いています。"on time"は熟語となっており「時間どおりに」を意味します。この英文は「彼は時間どおりに、ここに着いた」という意味になります。この場合、彼の到着時間は当初の定刻ピッタリです。

次は前置詞の上級編です。見た目よりもハードです。

前置詞（その3）

・I saw him at the hospital.
・I saw him in the hospital.

"I saw him <u>at</u> the hospital."という英文は前置詞"at"を用いています。"at"は場所を示す名詞の前に置く前置詞となっています。"at the hospital"は「病院で」と訳します。この英文は「私は彼と病院で会った」という意味になります。ひょっとしたら、この「彼」の正体は患者かもしれないし、医師や看護婦かもしれないし、見舞客かもしれないです。

"I saw him <u>in</u> the hospital."という英文は前置詞"in"を用いています。"in"は「建物の内部」を示す前置詞となっており、"in the hospital"は熟語となっており「入院中」と訳します。この英文は「私は入院中の彼と会った」という意味になります。この「彼」の正体は入院中の患者であることが確定しています。

第5章 「技術英語」のアンチパターン（べからず集）

不定詞と動名詞

「不定詞」(infinitive) と「動名詞」(gerund) も、日本人にとって鬼門です。

第3章の復習がてらに、次の英文をもう一度見直しましょう。「不定詞」と「動名詞」の違いのポイントは「2つの動作の時系列」を考えることです。

不定詞と動名詞（その1）

- I stop to smoke.
- I stop smoking.

"I stop to smoke." という英文は不定詞を用いており、「stop」と「smoke」という2つの動作の時系列は「stop → smoke（stopが先でsmokeが後）」と考えます。よって、この英文は「私はたばこを吸うために立ち止まる」と訳します。

"I stop smoking." という英文は動名詞を用いており、「stop」と「smoke」という2つの動作の時系列は「smoke → stop（smokeが先でstopが後）」と考えます。よって、この英文は「私はたばこを吸うのを止める」と訳します。

同様に、「不定詞」と「動名詞」を用いた文例を次に示します。

不定詞と動名詞（その2）

- I remember to do my homework.
- I remember doing my homework.

"I remember to do my homework." という英文は不定詞を用いており、「remember」と「do my homework」という2つの動作の時系列は「remember→do my homework（rememberが先でdo my homeworkが後）」と考えます。よって、この英文は「宿題をする」前にその「宿題をする」ことを「（忘れずに）覚えておく」という時系列が成立することから「私は宿題をすることを（忘れずに）覚えておく」と訳します。

"I remember doing my homework." という英文は動名詞を用いており、「remember」と「do my homework」という2つの動作の時系列は「do my homework→remember（do my homeworkが先でrememberが後）」と考えます。よって、この英文は「宿題をした」後にその「宿題をした」という事実を「覚えている」という時系列が成立することから「私は宿題をしたことを覚えている」と訳します。

未来を示す表現

未来を示す表現は、次に示す「意志未来」と「単純未来」の違いに注意しましょう。

・I will study English.
・I am going to study English.

"I **will** study English." という英文は、未来を示す助動詞 "will" を用いています。名詞としての "will" が「意思」を意味することから分かるように、助動詞 "will" は「意志未来」となり、この英文は「英語を勉強する意思をもって、私は将来的に英語を勉強する予定である」というニュアンスを含みます。

"I **am going to** study English." という英文は、未来を示す熟語 "be

going to（動詞の原形）"を用いており、「単純未来」となります。予め決定されている予定を述べる場合に使います。

許可を示す表現

許可を示す表現にもニュアンスの差異があります。次の英文のニュアンスの違いは分かるでしょうか。

> ・I am allowed to stay here.
> ・I am permitted to stay here.

"I am allowed to stay here."という英文は「私はここに居ることを許されている」と訳します。熟語"allow（人）to do ～"は「（人）に～することを許す」という意味になります。

"I am permitted to stay here."という英文も同じように訳すのですが、"permit"は"allow"以上にフォーマル（公式、形式的）なニュアンスを含みます。つまり、政府機関のような法的な権限がある組織等から許可を頂いているということです。

可能を示す表現

可能を示す表現も一筋縄にはいきません。ほとんどの日本人は次の英文は同じ意味と理解しているのではないでしょうか。実は、微妙なニュアンスの差異があります。

> ・I could study abroad during my university years.
> ・I was able to study abroad during my university years.

"I **could** study abroad during my university years."という英文は、

可能を示す助動詞 "can" の過去形の "could" を用いています。この英文は「大学生時代に、私は留学することができた」と訳します。ひょっとしたら、頭は悪くても、お金持ちの坊っちゃんだから留学できたのかもしれません。あるいは、仮定法過去だとすると、現在の空想を述べていることになります。

"I <u>was able to</u> study abroad during my university years." という英文は、可能を示す熟語 "be able to do" を用いています。この英文も "could" の場合と同じような和訳となるのですが、ニュアンスが異なってきます。"able" という英単語は形容詞で「有能な」という意味です。例えば、"He is an able engineer." という英文は「彼は有能なエンジニアである」と訳します。つまり、熟語 "be able to do" は「能力があるから可能である」というニュアンスを含んでいるのです。この場合、猛勉強の末に英語力をアップして有能さを身につけたので、留学生の厳しい選抜にパスできたのかもしれません。

関係代名詞の限定用法と継続用法

ややマニアックですが、仕様書や特許明細書などの「技術英語」では多用される表現なので、関係代名詞の「限定用法」と「継続用法」の違いにも注意すべきです。例えば、次の英文の違いは分かるでしょうか。カンマ（,）違いが大違いなのです。なお、他動詞 "hit"（～を殴る）は不規則変化の動詞なので、現在形も過去形も "hit" です。

・I hit John who hit me.
・I hit John, who hit me.

"I hit John who hit me." という英文はカンマ（,）がありません。関係代名詞としては「限定用法」となっています。"who hit me" が後ろか

ら"John"という先行詞を修飾（＝先行詞"John"が示す範囲を限定）しています。つまり、"John who hit me"は「私を殴ったJohn」と訳します。"hit"に「三単現のs」が付いていないので、この"hit"は過去形と解釈します。この英文全体としては「私は私を殴るJohnを殴った」と訳します。この場合、「Johnと殴り合い」と言えます。

"I hit John, who hit me."という英文はカンマ（,）があります。関係代名詞としては「継続用法」となっています。この場合、カンマ（,）の前で、文が一回切れると考えてください。つまり、"I hit John"（「私はJohnを殴った」）で文を一回切ります。その次の", who hit me"の解釈ですが、"I hit John, **who** hit me."は"I hit John, **and he** hit me."と置き換えることができます。よって、この英文全体としては「私はJohnを殴って、それから、Johnは私を殴った」と訳します。この場合、「先に手を出したのは私である」と言えます。

関係代名詞の先行詞が分かりづらい場合

関係代名詞の上級編になりますが、次の英文の解釈は大丈夫でしょうか。関係代名詞の先行詞が何であるかが分かりにくいパターンです。

・I heard that my grandfather died in the hospital, which made me so sad.
・I heard that my grandfather died in the hospital, which asked me to visit there soon.

"I heard that my grandfather died in the hospital, **which** made me so sad."という英文は、関係代名詞節の"**, which** made me sad"（「【先行詞】は私を悲しくさせた」）という部分の先行詞の正体が何であるかがポイントとなります。実は、"that my grandfather died in the hospital"（「入院中の私の祖父が死んだ事」）という長めの that 節が先行詞となります。先行詞は短い名詞ばかりではないので注意が必要です。この英文全体としては「私は入院中の私の祖父が死んだ事を聞いて、（そのことによって）悲しくなりました」と訳します。

"I heard that my grandfather died in the hospital, which asked me to visit there soon." という英文は上記の英文と似たような構図に見えますが、関係代名詞節の ", which asked me to visit there soon."（「【先行詞】は私にそこにすぐ訪れるようにお願いした」）という部分の先行詞は "hospital"（病院）となります。私に対して「すぐに来い」と指図できる主語は「病院」だからです。この英文全体としては「私は入院中の私の祖父が死んだ事を聞き、病院は私にすぐ来るようにお願いしました」と訳します。

受動態

筆者の個人的な意見として、日本人は「受動態」(passive) を乱用しすぎだと考えています。そうは言っても、「受動態」を使いたい局面は出てきますので、注意点を解説します。

次にある 2 つの「受動態」の文の違いは分かるでしょうか。受動態の英文はどうしても構造が複雑になりがちなので、英文の解釈が難しいと思ったら、能動態に書き換えてから考えるようにしましょう。

受動態（その1）
・Every day breakfast is cooked by her.
・Today's breakfast is being cooked by her.

"Every day breakfast **is cooked** by her." という受動態の英文は、

第5章 「技術英語」のアンチパターン（べからず集）

"She cooks breakfast every day." という能動態の英文に言い換えることができます。つまり、現在の習慣を示す現在形の文となります。この英文は「彼女は毎日の朝食をつくる」（＝「毎日の朝食は彼女によってつくられている」）という意味になります。

"Today's breakfast is being cooked by her." という受動態の英文は、"She is cooking breakfast today." という能動態の英文に言い換えることができます。つまり、現在進行中の動作を示す現在進行形の文となります。この英文は「彼女は今日の朝食をつくっているところである」（＝「今日の朝食は彼女によってつくられているところである」）という意味になります。意外と頭から出てこないのが現在進行形の「受動態」ですが、「be 動詞＋being＋（動詞の過去分詞形）」と書きます。"being" という単語は be 動詞の原形 "be" の現在進行形です。

「be 動詞＋動詞の過去分詞形」という形式の受動態は比較的分かりやすいのですが、次に示すように、そういう形式をとっていない受動態の文もあります。

―――― 受動態（その2）――――
I had my tablet stolen.

"I had my tablet stolen." という英文は「私はタブレットを**盗まれました**」と訳します。「have＋（目的語）＋動詞の過去分詞形」という形式でも「（目的語）を～される」という意味の受動態を表現します。

次に示すのは、句動詞を用いた受動態の質問です。筆者の経験上、正答を答えられた日本人は少ないです。

> **"back up" の受動態**
>
> "I back up the data." を受動態にすると？

　ありがちな誤答は "The data is back <u>upped</u>." といった英文です。ですが、"up" は副詞なので、語尾に "ed" を付けて受け身にすることができません。この英文のポイントは "back up"（〜をバックアップする）という句動詞（phrasal verb）です。実は、"back up" の "back" は他動詞であり、受動態の "ed" を付けるべきは、この他動詞 "back" なのです。よって、この質問への回答は、"The data is back<u>ed</u> up."（そのデータはバックアップされる）になります。

　受動態の英文の解釈で重要なのは、文の各要素の間の「関係性」がどうなっているかを正しく把握することです。例えば、次の質問はどうでしょうか。

> **by の後ろは「動作の主語」が来る**
>
> "The document is written by a word processor." は正しい英文か？

　一見正しい英文のように見えますが、実際に、いかにも日本人エンジニアが書きそうな英文です。ですが、この英文を能動態で書き直してみてください。"A word processor writes the document."（あるワープロがその書類を書く）となります。無人のワープロが独りでに、まるで心霊現象のようにカタカタと動いて書類を書き上げていくようなイメージになってしまいます。一般的に、"writes the document."（書類を書く）する主体は「人間」であるのが普通でしょう。つまり、前置詞 "by" の後ろに来

第5章 「技術英語」のアンチパターン(べからず集)

るのは無生物の"by a word processor"ではなく、例えば、"by him"とか"by my father"といった人物になるのが自然です。どうしても"a word processor"を使用する旨を明記したいのであれば、"with a word processor"や"by using a word processor"と書く方が自然です。

使役(人に何かをやらせる)

「使役」(人に何かをやらせる)の表現に関して留意すべきは、「第2章 「英語」の前にまずは「日本語」で」でも解説した「語調」です。「人に動いてもらう」ためには相手の感情を害さないようにリクエストの仕方に注意を払う必要がある訳です。例えば、次の英文の違いは分かりますでしょうか。

使役を示す表現(その1)
- I told John to study English.
- I asked John to study English.
- I got John to study English.

"I told John to study English."という英文は「tell (人) to do」((人)に~するように言う)という表現になります。語調は命令口調となります。聞き手が強制的な印象を受けることになります。

"I asked John to study English."という英文は「ask (人) to do」((人)に~するようにお願いする)という表現になります。語調は懇願口調となることから、"tell"の命令口調よりは物腰が和らぎます。

"I got John to study English."という英文は「get (人) to do」((人)に~させる)という表現になります。「私はJohnに英語を勉強させた」と

訳します。この表現はカジュアルです。

よく使われる使役動詞として、"make"、"have"、"let"の3種類があるのですが、次の英文のニュアンスの違いは分かるでしょうか。実は、どの英文も「私はJohnに英語を勉強させる」という和訳になりますが、そのニュアンスが異なっているのです。

使役を示す表現（その2）

・I made John study English.
・I had John study English.
・I let John study English.

"I <u>made</u> John <u>study</u> English."という英文は「make（人）do ~」（（人）に（強制的に）~させる）という構文になっています。つまり、この英文は「私はJohnに強制して、英語を無理矢理に勉強させた」（Johnに対する強制）といったニュアンスになります。

"I <u>had</u> John <u>study</u> English."という英文は「have（人）do ~」（（人）に（お願いして）~してもらう）という構文になっています。つまり、この英文は「私はJohnにお願いして、英語を勉強してもらうようにした」（Johnに対するお願い）といったニュアンスになります。

"I <u>let</u> John <u>study</u> English."という英文は「let（人）do ~」（（人）に対して（自分がしたいように）~させておく）という構文になっています。つまり、この英文は「私はJohnがしたいままに、英語を勉強させておくようにした」（Johnの自主性の尊重）といったニュアンスになります。ちなみに、名曲"Let it be"や"Let it go"も"let"を用いた使役です。

第5章 「技術英語」のアンチパターン(べからず集)

現在分詞と過去分詞

シンプルながらも、日本人がつまずきやすいのが「現在分詞」と「過去分詞」の使い分けです。筆者の経験上、多数の日本人エンジニアが「現在分詞」と「過去分詞」をアベコベに誤用しています。つまり、「現在分詞」を使うべき場合に「過去分詞」を使い、「過去分詞」を使うべき場合に「現在分詞」を使っています。

「現在分詞」と「過去分詞」の使い分けのポイントは、「現在分詞」や「過去分詞」の基となる動詞が目的語をとる「他動詞」(〜をXXXXさせる)だということです。つまり、乱暴な説明になりますが、主語が「XXXXさせる」側であれば「現在分詞」(語尾がing)となり、主語が「XXXXさせられる」側であれば「過去分詞」(語尾がed)となるのが自然です。

では、次の英文はどちらが自然でしょうか。

―――― 自然な英文はどちらか？(その1) ――――
・I am boring.
・I am bored.

他動詞 "bore" の意味は「〜を退屈させる」です。よって、現在分詞 "boring" は「(主語)は退屈させている」となり、過去分詞 "bored" は「(主語)は退屈させられている」となります。以上を整理すると、"I am boring." は「私自身が退屈な人間である」と述べており、"I am bored." は「私は退屈に感じている」と述べていることになります。自虐的な人でなければ、"I am bored." の方が自然な英文のはずです。もっとも、筆者が日本人の英文を観察する限りでは「自虐的な日本人」は多いようですが。

類題として、次の英文はどちらが自然でしょうか。

3　間違いやすい英文法

―――――― **自然な英文はどちらか？（その2）** ――――――
・The teacher's lesson is boring.
・The teacher's lesson is bored.

　この英文のポイントは主語が"The teacher's lesson"（その先生の授業）という無生物主語だということです。生物でない概念が「退屈させられる」ことはあり得ないため、この場合は"boring"（現在分詞形）を使う方が自然です。
　同様に、次の2つをまとめて見ましょう。

―――――― **自然な英文はどちらか？（その3）** ――――――
・I am exciting.
・I am excited.

　この場合は、「私が人を興奮させるような激しい（？？）人物」でない限りは、後者の"I am excited."（私は興奮している）が無難でしょう。

―――――― **自然な英文はどちらか？（その4）** ――――――
・This game is exciting.
・This game is excited.

　この場合は、主語"This game"（このゲーム）が無生物であることから「興奮させられる」ということがあり得ないため、前者の"This game is exciting."の方が自然でしょう。

第5章 「技術英語」のアンチパターン(べからず集)

so that 構文

「so that 構文」もよく出てくるので覚えておきましょう。次に示すように、「目的」「結果」「程度」「様態」という用法があります。

---
so that 構文

- She studied English very hard so that she may (will, can) talk with foreign friends. (目的)
- She studied English very hard, so that she came to talk with foreign friends. (結果)
- His English is so fluent that he can talk with native speakers smoothly. (程度)
- This software is so developed that users can operate easily. (様態)

"She studied English very hard <u>so that</u> she <u>may (will, can)</u> talk with foreign friends." という英文は、so that 構文の「目的」の用法です。"She studied English very hard"(彼女は英語を非常に熱心に勉強した)ことの「目的」は "she <u>may (will, can)</u> talk with foreign friends."(彼女が外国の友達と会話できる)ようにするためです。以上をまとめると、「外国の友達と会話できるようにするために、彼女は英語を非常に熱心に勉強した」という和訳になります。

"She studied English very hard<u>, so that</u> she came to talk with foreign friends." という英文は、so that 構文の「結果」の用法です。"She studied English very hard"(彼女は英語を非常に熱心に勉強した)ことの「結果」は "she came to talk with foreign friends"(彼女は外国の

友達と会話するようになった）ことなのです。以上をまとめると、「彼女は英語を非常に熱心に勉強し、その結果、彼女は外国の友達と会話するようになった」という和訳になります。「目的」と「結果」の見分け方として、「目的」の用法では so that 節で助動詞 "may (will, can)" を使い、「結果」の用法では "so that" の前に","（カンマ）が入ります。

"His English is <u>so</u> fluent <u>that</u> he can talk with native speakers smoothly." という英文は、so that 構文の「程度」の用法です。"he can talk with native speakers smoothly."（ネイティブ話者と円滑に会話できる）ような「程度」に "His English is <u>so</u> fluent"（彼の英語は流ちょうである）のです。以上をまとめると、「ネイティブ話者と円滑に会話できるほど、彼の英語は流ちょうである」という和訳になります。

"This software is <u>so</u> developed <u>that</u> users can operate easily." という英文は、so that 構文の「様態」の用法です。"users can operate easily"（ユーザーが容易に操作できる）「様に」"This software is so developed"（このソフトウェアは開発されている）のです。以上をまとめると、「ユーザーが容易に操作できるように、このソフトウェアは開発されている」という和訳になります。

to 不定詞

次に示すとおり、「to 不定詞」(to-infinitive) には3種類の用法があります。

- （名詞的用法）To study English is fun for me.
- （形容詞的用法）I have a book to study English.
- （副詞的用法）I go to school to study English.

第5章 「技術英語」のアンチパターン(べからず集)

　この英文全てに"to study English"と書かれていますが、そのニュアンスが異なります。

　"<u>To study English</u> is fun for me."という英文は、to 不定詞の「名詞的用法」です。"To study English"は「英語を勉強する**こと**」という意味の「名詞」のように扱われます。名詞なので、文の主語となることができます。

　"I have a book <u>to study English</u>."という英文は、to 不定詞の「形容詞的用法」です。"to study English"という部分は後ろから"a book"という名詞を修飾しています。つまり、"to study English"が"a book"の形容詞のように振る舞うので、to 不定詞の「形容詞的用法」と呼ばれます。"a book <u>to study English</u>"は「英語を勉強する**ための**本」と訳します。

　"I go to school <u>to study English</u>."という英文は、to 不定詞の「副詞的用法」です。"to study English"という部分は、"I go to school"のうち"go"という動詞を修飾しています。つまり、"to study English"（英語を勉強する**ために**）が"go"（行く）という動作の詳細を説明しており、まるで副詞のように振る舞うので、to 不定詞の「副詞的用法」と呼ばれます。"I go to school <u>to study English</u>."は「英語を勉強する**ために**学校に行く」と訳します。

be 動詞＋to 不定詞

　「be 動詞＋to 不定詞」は次のとおり意味が多いので解釈に注意しましょう。

・（義務）You <u>are to study</u> English every day.

「君は毎日、英語を勉強すべきである」
- （予定）The movie **is to be** continued.
「その映画は続けられる**予定である**」
- （運命）She **was** never **to meet** him.
「彼女は二度と彼に会えない**運命であった**」
- （可能）The ticket **was not to be** found.
「そのチケットは発見**されなかった**」
- （意図）If you **are to communicate** with foreign people, you must study English much harder.
「もし外国人と意思疎通**したい**のであれば、君はもっと一生懸命に英語を勉強する必要がある」

このうち、"To be continued"（予定）の用法は有名です。続編が予定されている映画の最後などに出てきます。

前置詞の to

日本人は「to と言えば不定詞」という先入観を持ちがちです。しかし、実は、次に示すように「前置詞の to」もあります。

---- 前置詞の to（その1）----
- approach to V-ing（V するための取り組み方）
 an approach **to** achiev**ing** the goal 「目標達成へのアプローチ」
- key to V-ing（V することへの鍵）
 a key **to** succeed**ing** in the business 「事業に成功する秘訣」

ここに出てくる "to" は不定詞でなくて前置詞であることから、"to" の直後の動詞は原形ではなくて、"V-ing" というように "ing" 付きの現在

分詞形となります。これ以外に、前置詞のtoの用法でよく見るのは次の例文です。

前置詞の to（その2）

I am looking forward **to seeing** you.
（貴方に会えるのを心待ちにしております。）

この例文は、多くの日本人が"I am looking forward **to see** you."と書きがちです。しかし、上の例文の"to"は前置詞であることから、動詞の原形の"see"ではなく、現在分詞形の"see**ing**"にする必要があります。

4 間違いやすい英文読解（英語⇒日本語）

英文読解（Reading）において、日本人が相手の英文を読み間違えて揉め事になるリスクがあります。英文の読み違いのせいで相手の真意を誤解すると、後に大きなトラブルに見舞われるでしょう。特に、本節で解説する「否定」の表現はしっかり理解しないと、相手の意図とは正反対に誤解してしまう恐れもあります。

one/other/another/some/others/the others

日本人が大苦戦する鬼門として「one/other/another/some/others/the others」があります。当然、筆者も苦戦してきました。「one/other/another/some/others/the others」というように登場人物が多いのでイヤになりそうですが、抑えるべきポイントは次のとおりに絞られています。

4　間違いやすい英文読解（英語⇒日本語）

――― one/other/another/some/others/the others（その1）―――
・another＝an＋other（an が付くから単数）
・the が付くと「他の全て」というニュアンス。

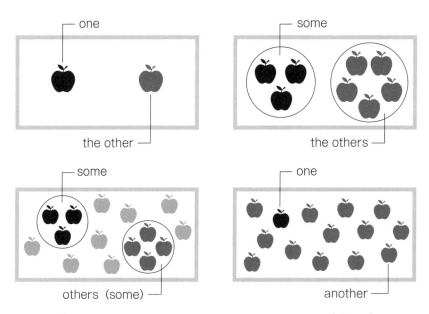

図2　one/other/another/some/others/the others（その2）

　もっとシンプルに覚えるならば、言葉で理解しようとするよりも、**図2**のように「見える化」した方がよいです。

動作の主体

　英文において「動作の主体」を正確に捉えることが重要です。例えば、次の英文例において"do my homework"（宿題をする）という動作を行う主体は分かりますでしょうか。

第5章 「技術英語」のアンチパターン(べからず集)

動作の主体

・I want to do my homework.
・I want you to do my homework.

"I want to do my homework."という英文は「私は自分の宿題をしたいです」と訳します。つまり「宿題をする」主体は「私」です。

"I want **you** to do my homework."という英文は「私は**貴方に**私の**宿題をしてほしい**です」と訳します。つまり「宿題をする」主体は「貴方」です。この"**you**"をウッカリ見落としてしまうと、英文の意味合いが大きく違ってきてしまいます。

And/Or

日本人が軽視しがちですが、「And/Or」の区別は厳密性を求められる技術英語の現場で重要になってきます。例えば、次の英文例はどう訳し分けるでしょうか。

And/Or

・You need to buy apple, banana, orange and melon.
・You need to buy apple, banana, orange or melon.

"You need to buy apple, banana, orange <u>and</u> melon."という英文は等位接続詞の"and"を用いています。この英文の場合、貴方が買う必要があるのは「林檎、バナナ、オレンジ、**及び**、メロン**の全て**」です。どれか1つの果物が欠けてもNGです。

"You need to buy apple, banana, orange <u>or</u> melon."という英文は等位接続詞の"or"を用いています。この英文の場合、貴方が買う必要があるのは「林檎、バナナ、オレンジ、**又は**、メロン**のいずれか**」です。どれか1つでも果物が揃えばOKです。

英語の等位接続詞の"And"と"Or"の区別ですが、エンジニアリングの仕事で一般的に用いられる「論理演算」の考え方と同じです。"And"は論理積、"Or"は論理和です。ベン図を書けば、見える化できるでしょう。

形式主語と強調構文

パッと一見して非常に似ているので混同しがちなのが「形式主語」と「強調構文」です。例えば、次の英文例は「形式主語」と「強調構文」の見分けがつきますでしょうか。

形式主語と強調構文

・It is natural that John should study English very hard.
・It is John who studies English very hard.

"<u>It is</u> natural <u>that</u> John should study English very hard."という英文は「形式主語」を用いています。最初の"It"はあくまでも形式的な主語であり、実際の主語は"<u>that</u> John should study English very hard."(Johnが英語を猛勉強する<u>こと</u>)という長めのthat節です。つまり、英文全体としては「Johnが英語を猛勉強することは、自然なことである」と訳します。

"<u>It is</u> John <u>who</u> studies English very hard."という英文は「強調構

文」を用いています。「強調構文」は「It is（強調したい事物）that（who）〜」という構造になっており、「〜するのは（強調したい事物）である」というふうに訳します。"It is John who studies English very hard." という英文の例では、まず"It is John"と言い切って「John」を「強調」しており、「英語を猛勉強しているのはJohnである」という和訳になります。確かに、"John studies English very hard."（Johnは英語を猛勉強する）と単純に述べるよりは、「強調構文」を使う方が「John」を強調できます。

「形式主語」と「強調構文」の見分け方は、"It is"と"that（who）"を文中から除去することで判別します。「強調構文」の場合は、"~~It is~~ John ~~who~~ studies English very hard." というように"It is"と"who"の箇所を除去すると"John studies English very hard."（Johnは英語を猛勉強する）という完全な英文が出てきます。それに対して、「形式主語」の場合は、"~~It is~~ natural ~~that~~ John should study English very hard." というように"It is"と"that"の箇所を除去すると、"John should study English very hard." の箇所は完全な英文になっていますが、残った"natural"の一語だけが独り浮くことになります。

婉曲を示す表現

日本人の先入観（偏見）ですと、欧米人（特に米国人）は何でもかんでもズバズバと明け透けに発言するイメージがあります。しかしながら、次に示すように、英語にも「オブラートに包んだような回りくどい言い方（婉曲表現）」があります。

─── 婉曲を示す表現 ───
・**Couldn't** be better, thank you!
　「これ以上、良くなりようが無い」から転じて「絶好調」を意味する。

"How are you?" という質問への返答として、日本人は"馬鹿の一つ覚え"のように"Fine, thank you."と返答すると米国人には馬鹿にされている。よって、"馬鹿の一つ覚え"を脱却するための表現である。

- He is <u>the last</u> man <u>to do</u> such thing.
「彼はそのような事をする**最後の男だ**」から転じて「彼はそんなことを絶対にしない」を意味する。
- I like <u>anything but</u> beer.
「ビール**以外は何でも**好きだ」から転じて「ビールは決して好きでない」を意味する。
- You can <u>say that again</u>.
「貴方は再度それを言っても良いです」から転じて「仰せの通りです」を意味する。つまり、相手が再び発言して良いくらい、その発言に同意するということ。
- You should <u>have second thought</u> about it.
「それに関して２つ目の考えを持つべきである」から転じて「それに関しては考え直すべきだ」を意味する。

否定を示す表現

本節では、英文読解における最大級の鬼門（落とし穴）と言える「否定」を示す表現を解説します。日本人は「否定」を軽視しがちですが、「否定」の表現を「たった１つ」でも見逃すと文意が完全に反転します。例えば、次の英文の訳し分けは自信がありますでしょうか。「否定」の表現を解釈する際の最大のポイントは「全体否定」あるいは「部分否定」のどちらであるかを見極めることです。

第5章 「技術英語」のアンチパターン(べからず集)

否定を示す表現（その1）

・Not everyone knows him.
・Nobody knows him.
・Anybody does not know him.

"Not everyone knows him." という英文は「部分否定」になります。"everyone" の "every" の部分を "Not" で打ち消しているため、「みんなが彼を知っている訳ではない」と訳します。

"Nobody knows him." という英文は「全体否定」になります。英文が全体的に否定されているため、「誰も彼を知らない」と訳します。

ちなみに、"Anybody does not know him." という英文は「全体否定」か「部分否定」かの"グレーゾーン"です。「みんなが彼を知っている訳ではない」とも、「誰も彼を知らない」とも解釈されうるので、**このような紛らわしい書き方をすべきではありません。**

否定を示す表現は他にも色々とあります。次の英文例の訳し分けはどうでしょうか。

否定を示す表現（その2）

・I do not know anything about him.
・I do not know everything about him.
・I know nothing about him.

"I do not know anything about him." という英文は「全体否定」で

す。「私は彼について何も知らない」と訳します。

"I do **not** know **every**thing about him." という英文は「部分否定」です。「私は彼について全てを知っている訳ではない」と訳します。

"I know **nothing** about him." という英文は「全体否定」です。「私は彼について何も知らない」と訳します。

では、次の例文例はどうでしょうか。

―― 否定を示す表現（その3）――
・I do not know all people here.
・I know nobody here.

"I do **not** know **all** people here." という英文は「部分否定」です。「私はここの人々を全員知っている訳ではない」と訳します。

"I know **nobody** here." という英文は「全体否定」です。「私はここの人々を誰も知らない」と訳します。

では、応用編として、次の英文例はどうでしょうか。

―― 否定を示す表現（その4）――
・I do not like either of them.
・I like neither of them.

第5章 「技術英語」のアンチパターン（べからず集）

実は、"I do not like either of them." という英文と "I like neither of them." という英文は同じ意味です。"neither" とは "not＋either" の省略です。両者共に「全体否定」です。「私はそれらのどれも好きではない」と訳します。ちなみに、"neither of ～" は二者択一の場合しか使いません。選択肢が三者以上の場合は "none of ～" となります。

更なる応用編として、次の英文例はいかがでしょうか。

否定を示す表現（その5）

・I do not like both of them.
・I do not like any of them.

"I do not like both of them." という英文は「部分否定」です。「私はそれらの両方とも好きだという訳ではない」と訳します。つまり、**「片方は好きで、もう片方は嫌い」**と言うことがありえます。

"I do not like any of them." という英文は「完全否定」です。「私はそれら全てが好きでない」と訳します。つまり、「好きなものは一切ない」のです。

他の否定の表現は次のとおりです。

否定を示す表現（その6）

・He never speaks English.
・He does not always speak English.
・He does not necessarily speak English.

"He never speaks English."という英文は「完全否定」です。「彼は決して英語を話さない」と訳します。

"He does not always speak English."という英文は「部分否定」です。「彼は常に英語を話すという訳ではない」と訳します。

"He does not necessarily speak English."という英文は「部分否定」です。「彼は必ずしも英語を話す訳ではない」と訳します。

上記の一連の「否定」表現に関する議論を次に整理します。

POINT　部分否定と完全否定

否定の種類	説明	用いられる英単語の例
部分否定	「全体性」や「完全性」を表す語（all、every、alwaysなど）をnotで打ち消す。	● not all ● not every ● not always
完全否定	完全否定の意味合いがある語を用いる	● nobody ● none ● nothing ● no ～～～

　一般論として、「notが先」の場合（not all、not everyなど）は「部分否定」、「notが後」の場合（all people is not...、every dog is not...）は「完全否定」と言われます。しかし、「notが後」は部分否定に解釈される場合もあります。つまり、「notが後」は意味が曖昧なので要注意です。
　更に注意すべき点として、上述したように「notが先」の場合は「部分否定」となることが多いのですが、**例外的に「not any」は次に示すように「完全否定」となります。**

第5章 「技術英語」のアンチパターン(べからず集)

否定を示す表現(その7)

He does <u>not</u> like <u>any</u> fruits.
「彼はフルーツ全部を好きでない」(完全否定)

二重否定

「否定の否定」は大いなる「賛成」だというのが「二重否定」です。次に示すような文例があります。

He never studies English without drinking coffee.

"He <u>never</u> studies English <u>without</u> drinking coffee." という英文は、"never"(決して~ない)という否定表現と"without ~"(~無しで)という否定表現の重ね掛けとなっています。直訳すると「コーヒーを飲まずして、英語を勉強することはない」となり、つまり、「英語を勉強する際には、コーヒーを必ず飲む」ということが言いたいのです。「二重否定」の文を用いることで内容を強調しています。

否定形でないのに否定のニュアンス

英語の「否定」表現には色々とバリエーションがあり、それが日本人の英文読解を困難にしている要因でもあります。「否定」表現の中には、次に示すように、"not"や"no"のようにパッと見で否定らしい英単語が出てきていないのに、否定のニュアンスを含む表現があります。

否定形でないのに否定のニュアンス(その1)

・He is anything but an English teacher.
・He is far from an English teacher.

"He is **anything but** an English teacher."という英文は"anything but ~"（前置詞"but"は「~以外」を意味する）という部分が半ば熟語化しており、「~以外の何でも」から転じて「決して~ではない」という意味になります。つまり、この英文は「彼は**決して**英語の教師**ではない**」という意味です。

"He is **far from** an English teacher."という英文は"far from ~"が「~にほど遠い」という意味になります。つまり、この英文は"He is **anything but** an English teacher."と同様の意味です。

他にも、否定形でないのに否定のニュアンスを含む英文の例を挙げると、次のとおりです。

否定形でないのに否定のニュアンス（その2）

・He is **too** lazy **to** study English.
・He **hardly**(rarely) studies English.

"He **too** lazy **to** study English."という英文は、「too（形容詞）to do」（（形容詞）過ぎて、~できない）という定型の構文を使っています。この英文は「彼は怠惰**すぎて**英語を勉強**できない**」と訳します。

"He **hardly(rarely)** studies English."という英文は、"hardly(rarely)"（滅多に~しない）という副詞自体が否定のニュアンスを含んでいます。この英文は「彼は**ほとんど（滅多に）**英語を勉強**しない**」と訳します。

第5章 「技術英語」のアンチパターン(べからず集)

否定的？　肯定的？

　「否定」的な話ばかりで読者もイヤになったかもしれませんが、ダメ押しで「否定」か「肯定」か分かりづらい表現を解説します。例えば、次の英文例に関して、「否定」と「肯定」のニュアンスを判別できるでしょうか。

---- 否定的？　肯定的？（その1）----
- He has a few friends.
- He has few friends.

　"He has **a few** friends."という英文は「肯定」的なニュアンスを含みます。"a few ～"は「2、3の～がある」という意味になることから、この英文は「彼には複数人の友人が居ます」と訳します。

　"He has **few** friends."という英文は「否定」的なニュアンスを含みます。"few ～"は「ほとんど～がない」という意味になることから、この英文は「彼には友人がほとんど居ません」と訳します。わずか"a"の1文字が付くか付かないかという些細な違いによって、文意が180度変わってくるのです。

　類題として、次の英文例はいかがでしょうか。

---- 否定的？　肯定的？（その2）----
- He has a little money.
- He has little money.

"He has a little money."という英文は「肯定」的なニュアンスを含みます。"a little ～"は「少し～がある」という意味になることから、この英文は「彼は少しお金を持っています」と訳します。

"He has little money."という英文は「否定」的なニュアンスを含みます。"little ～"は「ほとんど～がない」という意味になることから、この英文は「彼はお金をほとんど持っていません」と訳します。

なお、「否定的？　肯定的？（その1）」の文例は"friends"という可算名詞（数えられる名詞）でした。名詞"friends"の末尾には複数形を示す"s"が付いています。よって、この文例では可算名詞（countable）用の"few"という形容詞を使います。それに対して、「否定的？　肯定的？（その2）」の英文例に出てくる名詞"money"は不可算名詞（数えられない名詞）となっています。よって、この文例では不可算名詞（uncountable）用の"little"という形容詞を使います。

5　間違いやすい英作文（日本語⇒英語）

　筆者は数多くの日本人エンジニアの英作文をチェックしてきました。そのお陰で、日本人エンジニアが英作文で間違いやすい「落とし穴」の傾向をつかむことができました。本節では、英作文の「落とし穴」について解説します。

否定疑問文

　日本人の最大の鬼門と言えるのは、否定疑問文（Negative Question）です。ほとんどの日本人が自分の意図と正反対の返答をしてしまうのです。

第5章 「技術英語」のアンチパターン（べからず集）

例えば、次の否定疑問文で質問された場合、何と答えるべきなのでしょうか。

> **否定疑問文の例**
>
> Don't you like to study English?
> 「英語の勉強は好きでないのですか？」

この否定疑問文に対してどう答えるべきかという回答は、当然、自分が英語の勉強を好きか嫌いかに依存します。結論から言うと、この否定疑問文に対しての回答例は次のようになります。

POINT　　　否定疑問文の答え方

場合分け	日本語	英語
「英語の勉強は好きだ」と positive な返答をする場合	「いいえ、好きです。」	<u>Yes</u> (, I like to study English)
「英語の勉強が嫌いだ」と negative な返答をする場合	「はい、好きでないです。」	<u>No</u> (, I do not like to study English)

恐らく、筆者の推測だと、かなりの数の読者が正反対に答えると見ています。ここでのポイントは、「英語の勉強は好きで**ないのですか？**」という否定疑問文に対して、日本語で「**いいえ、好きです**」と答えているのに、英語では"No"ではなくて"**Yes**"と答えるべきだと言うことです。言い換えると、「Yes＝はい、No＝いいえ」という条件反射の思い込みは厳禁です。"Yes"は「はい」と言うよりも positive さを示す返答、"No"は「いいえ」と言うよりも negative さを示す返答に使います。「英語が好きである」という命題に関して positive か、あるいは、negative かという

区別が"Yes"と"No"の分かれ目となります。

「〜の場合」

　日本人エンジニアが書くような技術文書では、「〜の場合」という表現が頻出します。多数の日本人は「〜の場合」の直訳として"in case of 〜"あるいは"in the case of 〜"という熟語を乱用してしまいます。しかし、次に書いているように、If 節や When 節を使う、あるいは、前置詞 for を使う方が英文として自然になることが多いです。

> （×）"in case of xxx"、"in the case of xxx"を乱発しない
> 　　　　（○）**If 節や When 節を使う。前置詞 for を使う。**

　特に、注意すべきなのは、"the"無しの"in case of"は非常事態の場合に使われます。例えば、"In case of emergency, push this button."（非常時には、このボタンを押してください）のように、緊急時の指示文に使います。文中に"in case of"が頻出すると「非常事態」ばかり発生している印象を受けます。

「〜が現れる」

　例えば、「このボタンをクリックすると、ダイアログが現れる」といったように「〜が現れる」という和文を見た日本人は、この文が受動態だと解釈して、次に示すように"xxx is appeared"といった受動態の英文を書きがちです。

> （×）"xxx is appeared"とは言わない。
> 　　　　　　　　（○）"xxx appear"となる。

　しかし、"appear"は自動詞であり、受動態となりません。「ダイアログ

が現れる」という和文であれば、その英訳は"the dialog appears"といった the dialog を主語とする能動態の文になります。

「〜することに成功する」

筆者の経験上、非常に多い間違いが「〜することに成功する」という和文の英訳を"succeed to 〜"としてしまうことです。

> （×）"succeed to 〜"は「〜を相続する」
> （○）"succeed in V-ing"は「〜するのに成功する」

上に示すように「〜することに成功する」は"succeed in V-ing"と書く方が無難です。

「〜することに失敗する」

上述の「〜することに成功する」の対になる議論として、「〜することに失敗する」の話もすると、次のとおりとなります。

> "fail to V"の形が多い。
> "fail in"とする場合は、後ろは名詞（動名詞）となる。

例えば、「私はそのソフトウェアの開発に失敗した」と言いたい場合は、"I failed **to develop** the software."あるいは"I failed **in** develop**ing** the software."となります。

「〜を検索する」

IT 業界は Alphabet 社の Google 等の検索エンジンを多用することから、IT の技術文書は他動詞"search"を使うことが多いです。他動詞"search"の使い方は次に示すとおりとなります。

> search (検索する場所や物) by (検索条件) for (検索したい対象)
> (例) I can **search** "Amazon.com" **by** keyword or price **for** the book that suits me best.
> 「私は自分に最適の本を求めて、キーワードや価格に基づいて、"Amazon.com"を検索することができます」

"search"の目的語に（検索したい対象）や（検索キーワード）を持ってくる人が多いです。しかし、厳密には、（検索したい対象）や（検索キーワード）の前に前置詞が必要です。

「～しませんか」

「～しませんか」という提案は次に示すバリエーションがあります。

> ・How about ~ing?
> ・Let's XXXX. (Shall we do XXXX?)
> ・Why don't you do XXXX?

この英文はいずれも行為の提案です。しかし、"Why don't you do XXXX?"は発言者自身が行為の主体に入っていないのに注意しましょう。「私自身はやらないけど、貴方はやれば？」というニュアンスを含んでいます。「～したらどうですか」という意味になります。

自動詞と他動詞の両方をとる動詞

初歩的な単語であっても、自動詞 (verb intransitive) と他動詞 (verb transitive) の場合で、意味が大きく変わる場合があります。よって、自動詞と他動詞の違いを意識しないと、自分の英作文が意図していないニュアンスに解釈されてしまう恐れがあります。例えば、次の英文はどう訳し

分けるでしょうか。両方とも"run"という動詞を使っています。

自動詞と他動詞の両方をとる動詞（その1）

・I am running in the park.（自動詞）
・I am running the business.（他動詞）

"I am **running** in the park."という英文の"run"は自動詞です。"in the park"の部分は名詞"the park"の前に前置詞"in"が付いています。よって、"in the park"は修飾語句（Modifier）となります。換言すれば、"in the park"は"run"の目的語ではないです。自動詞としての"run"の意味は「走る」です。この英文は「私は公園内を走っているところです」と訳します。

"I am **running** the business."という英文の"run"は目的語"the business"をとる他動詞です。他動詞としての"run"の意味は「～を経営する」です。この英文は「私は事業を経営しています」と訳します。

では、類題として、次の英文の訳し分けはいかがでしょうか。両方とも"stand"という動詞を使っています。

自動詞と他動詞の両方をとる動詞（その2）

・I always stand up when I use my laptop PC.（自動詞）
・I cannot stand him any more.（他動詞）

"I always **stand** up when I use my laptop PC."という英文の"stand"は自動詞です。自動詞としての"stand"の意味は「立つ」です。

この英文は「ノートPCを使うときには、いつも、私は立っています」と訳します。

"I cannot stand him any more." という英文の "stand" は目的語 "him" をとる他動詞です。他動詞としての "stand" の意味は「～に我慢する」です。この英文は「私は彼にもう我慢できない」と訳します。

名詞を多く並べすぎる

名詞を余りにも長く並べすぎると読みづらいし、文が幼稚に見えます。筆者の感覚では、何か特殊な事情が無い限りは、名詞の連チャンは「3連チャン」までに留めるのが無難だと考えます。名詞の連チャンを防ぐために、前置詞を駆使したり、つなぎの語を補足したりしましょう。そうすると、次に示すように自然な英文に近づきます。

名詞を多く並べすぎる文例とその改善案

「私はついにXXXXサーバーソフトウェアのネットワークの問題の原因を解明した」

(×)
I finally found out the XXXXX server software network problem cause.

⇩

(○)
I finally found out the cause of network problem in the XXXXX server software.

上の文は "XXXXX server software network problem cause" とい

う箇所が"XXXXX"と"server"と"software"と"network"と"problem"と"cause"といったように名詞が「6連チャン」になっています。流石に、このままだと見苦しいので、下の文では"XXXXX server software"と"network problem"と"cause"のように分割して、各々は名詞の「3連チャン」までに留めるようにしています。

「以上」「以下」「未満」「より多い」

「以上」「以下」「未満」「より多い」という数値の比較表現は技術英語で頻出するのにもかかわらず、日本人にとって最大の急所になっています。真っ先に理解して欲しいのは「"than"は不等号である」ということです。つまり、次に示すように「"than"は基準値を含まない（除く）」のです。

「〜より多い」と「〜未満」

・more than 30 ⇒ 30より多い（**30は含まない**）
・less than 30 ⇒ 30未満（**30は含まない**）

基準値を含めたい場合は"be equal to 〜"で「〜と等しい」という意味になります。よって、いわゆる日本語で言うところの「以上」と「以下」（基準値を含む）を厳密に表現すると次のとおりとなります。

「〜以上」と「〜以下」（その1）

・equal to or more than 30 ⇒ 30以上（**30は含む**）
・equal to or less than 30 ⇒ 30以下（**30は含む**）

しかし、上の表現はやや難解ですので、基準値を明示的に含みたい場合は、次に示すように"or more"や"or less"を使うと簡便です。

5 間違いやすい英作文(日本語⇒英語)

---「~以上」と「~以下」(その2)---
- 30 <u>or more</u> ⇒ 30以上(**30は含む**)
- 30 <u>or less</u> ⇒ 30以下(**30は含む**)

上記の話を数直線で表現すると次のとおりです。

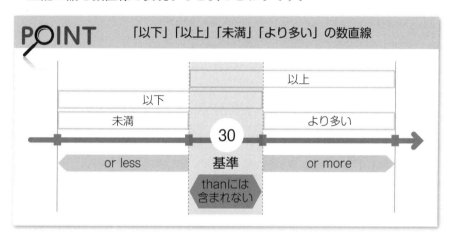

和製英語(カタカナ英語)

　日本は英語が中途半端に普及している国であり、ネイティブの英語話者に通じない「和製英語(カタカナ英語)」が猛威をふるっています。まさに日本人に特有の盲点です。和製英語が厄介なのは、日本人の日常生活に根深く浸透しているため、「この単語が和製英語である」と強く自覚していない限りは、英作文でうっかりと使用してしまいがちです。当然、先方の外国人には全く意味不明でしょう。**表4**に示すとおり、和製英語の由来は色々と考えられます。

　正直、「和製英語」は日本各地に潜伏しているのでリストアップさえ大変ですが、本書ではごく一部を紹介します。

第5章 「技術英語」のアンチパターン(べからず集)

表4 和製英語の由来

和製英語の由来となる要因	説明
英語以外の外来語を英語と思い込む	アルバイト [Arbeit] はドイツ語。英語では、part-time job である。
原語を略し過ぎ	エアコンはair conditioner、ナイターはnight game、セクハラは sexual harassment
もっともらしいイメージ	オーダーメイドは custom-made
実は固有名詞	ホッチキスは stapler
英単語として存在するが全く別の意味	電源のコンセントは (electrical) outlet。consent は「同意」を指す

⚠ 誤用すると意味的に大変な和製英語

表5 誤用すると意味的に大変な和製英語

日本語	正しい英語	和製英語
ナイーブ	sensitive	naive (「単純馬鹿」という罵倒に聞こえる)
マンション	apartment	mansion (大富豪が住むような大豪邸を指す)
ハイテンション	excited	high tension (「高い緊張」という事でピンと張ったピアノ線のようなイメージ)
(人種の) ハーフ	mixed race	half (「半人前」という罵倒に聞こえる)
オールマイティー	can do anything (flexible)	almighty (キリスト教等では全知全能の存在は唯一神のみ。人間に対して使うべき表現ではない。)

5 間違いやすい英作文（日本語⇒英語）

⚠ 誤用したら意味が分からない和製英語

表6 誤用したら意味が分からない和製英語

日本語	正しい英語	和製英語
タレント	star	talent （「才能」という意味）
カンニング	cheating	cunning （「ずるい」という意味）
ガソリンスタンド	gas station	gasoline stand
ノートパソコン	laptop PC	note PC
ノート	notebook	note
プリント	handout	print
サラリーマン	office worker	salary man （和製英語なのに有名になってきて、英語圏で通用しつつある）
タッチパネル	touchscreen	touch panel
テキスト	textbook	text
アフターサービス	customer support	after service
プラスアルファ	something extra	plus alpha
フリーダイヤル	toll-free number	free-dial
ベテラン	expert	veteran
グレードアップ	upgrade	grade-up
パンフレット	brochure	pamphlet
ペットボトル	plastic bottle	PET bottle
セールスポイント	selling point	sales point
（服の）フリーサイズ	one-size-fits-all	free size
ブラインドタッチ	touch typing	blind touch
キーホルダー	key ring	key holder
マイナスイメージ	negative image	minus image
コストダウン	cost cutting	cost down

第5章 「技術英語」のアンチパターン（べからず集）

⚠ ホテル関係の和製英語

表7　ホテル関係の和製英語

日本語	正しい英語	和製英語
ビジネスホテル	budget hotel	business hotel
ホテルのフロント	reception	front desk
モーニングサービス	complimentary breakfast	morning service（serviceが宗教的な意味合いを含むため「朝の奉仕活動」と解釈される）
モーニングコール	wake-up call	morning call

⚠ 日本人が創作した造語

表8　日本人が創作した造語

日本語	正しい英語	和製英語
リーマンショック	the financial crisis	the LEHMAN shock
ワイシャツ	white shirt	Y-shirt（「ワイシャツ」は「ホワイトシャツ」の発音が訛ったもの）

⚠ 英語以外の外来語

表9　英語以外の外来語

日本語	正しい英語	和製英語
シュークリーム	cream puff	shoe cream（「靴墨」を意味する。"I like to eat shoe cream"と言うとイヤな顔をされる。）
アンケート	questionnaire (interview)	enquête（仏語）

5　間違いやすい英作文（日本語⇒英語）

⚠ 紛らわしい和製英語

表10　紛らわしい和製英語

日本語	正しい英語	和製英語
マンツーマン	one-to-one	man-to-man
キャッシュカード	bank card	cash card
12時ジャストに	at exactly 12 o'clock	at just 12 o'clock
（有名人の）サイン	autograph	signature（契約書等の「署名」を意味する）
クレーム	complaint	claim
リニューアル	renovation	renewal
ベストテン	top ten	best ten
（体形が）スマート	slim	smart（「(頭脳的に)賢い」ことを意味する。外見は関係ない。）
（失敗の意味の）ミス	mistake	miss（「未婚女性」と解釈される）
「ドンマイ！」	Never mind!	Don't mind!

多義語

　日本人が英文を誤読する原因として「多義語」の解釈を誤ってしまうということがあります。例えば、次の英文を読んでみてください。

"and" の連発

> The gaps between Fish and and and and and chips are unequal.

　この英文は "and" の5連発が見えますが、英文法的には正しい英文です。この英文は難しい英単語を一切使っていませんが、ほとんどの日本人は正確に和訳できないでしょう。正確に和訳できない理由は、この英文は、文の構造（5連発の "and" の使い分け）が掴みにくいからです。では、この英文をもう少し読みやすくしたものが次の文です。

読みやすくした文（その1）

> The gaps between ('Fish' and 'and') and ('and' and

'chips') are unequal.
(「Fish と and」と「and と chips」の間隔は等しくない。)

※ "Fish and chips"は英国の名産品。パブで、ビール等の酒の肴として食べられる。

これを読むと、英文の構造が掴めたのではないでしょうか。まず、「The gaps between A and B（A と B の間隔）」という熟語があり、その中の A に相当するのが「'Fish' and 'and'」であり、B に相当するのが「'and' and 'chips'」となります。よって、「"and"の連発」の英文が言わんとすることは、例えば、次のように単語同士の間隔にバラツキがあるということです。

単語同士の間隔にバラツキがある"Fish and chips"

Fish and   chips

同じ"and"という英単語であっても「between A and B」という熟語の一部としての"and"、および、入れ子構造のように、「between A and B」の A や B に相当する箇所の一部としての"and"という2種類のニュアンスの違い（多義性）を理解できなければ、「"and"の連発」の英文は正確に解釈できません。

第5章 「技術英語」のアンチパターン(べからず集)

「多義語」は誤読の原因として、日本人のつまずきポイントになりがちなので要注意です。

第6章
「和文和訳」という最重要テクニック

　日本人が英作文で失敗する要因として「オリジナル和文の品質の悪さ」以外に「オリジナル和文を直訳しようとし過ぎる」ことがあります。要するに、自分の英作文力の身の丈に合ったレベルで英作文をしようとしないから失敗するということです。「オリジナル和文」を自分の身の丈に合ったレベルにまで噛み砕くことを「和文和訳」と言います。本章では、筆者が独自に編み出した「和文和訳」のテクニックを伝授します。

1　筆者の体験談

　筆者も日本人の端くれですが「日本人は几帳面な性格だ」とつねづね思います。日本人の美点でもありますが、悪い方向に作用することもあります。その最たる点が、和文英訳の際に、日本人は「直訳し過ぎる」傾向にあるということです。本当に一言一句も漏らすまい（言い換えもしない）勢いで英作文をしようとすることが多いです。しかし、言語以外は同一内容の文であっても、前提条件として、次に示すような差異があるのを認識すべきです。

第6章 「和文和訳」という最重要テクニック

> **POINT** 認識すべき差異
> - 英文と和文（表現や言語構造など）
> - 日本人と外国人（気質や文化など）
> - 自分と相手（専門知識や英語力など）

　真の意味での直訳は、英作文でも難度が高い部類に入ります。つまり、初心者向けではありません。大雑把に言うと、日本語には英訳しづらい表現が数多くあります。そのまま直訳すると、相手の外国人に己の真意がサッパリ通じない恐れがあります。それ以前に、和文の直訳に相当するような英語表現すら思いつかない（探し出せない）かもしれません。ここで、大抵の日本人はウンウンと唸ることになりますが、本章で解説するテクニックはそういった日本人向けの話となります。

2　コミュニケーションの"目的"を熟慮する

　英作文の目的は「伝えたいメッセージ（真意）を伝える」ことにあります。「完全無欠の直訳が求められる」という前提条件がある場合を除いて、細部はともかく、メッセージが相手に伝わる英文を作成することを目指せば良いのです。実際のところ、完全無欠の直訳が必須というのはレアケースでしょう。契約書や特許の明細書といった法的書類、あるいは、人命に関わる資料などの非常にクリティカルな文書の場合は100％直訳を求められる可能性がありますが、一般的な日本人エンジニアがそういったドキュメントの作成に迫られる頻度は高くないです。一般的に、マニュアルやEメールといったレベルの英作文では"意訳"も概ね許容されます。

　英作文を行う前に「伝えたいメッセージ（真意）を明確にする」ことが

不可欠です。自明の理のように聞こえるかもしれませんが、英作文で困る場合は「和文の時点でメッセージが曖昧だから、その結果、使うべき英語表現も見えてこない」ということが多いです。よって、和文の中でも絶対に外せない（確実に100％伝えるべき）要素を確実に把握すべきです。それ以外の要素については、多少の差異や漏れは気にしないというスタンスでいきましょう。

3 読み手の知識レベルを意識する

英作文に限らず、日本語同士のコミュニケーションでも言えることですが「読み手の知識レベル」に留意する必要があります。一言で英語話者と括っても、次に示すように千差万別です。

―― 英語話者の属性（背景）――
- Native or Non-native（母国語/第一/第二外国語）
- 国籍（アメリカ、アジア、ヨーロッパなど）
- 人種（白人、黒人、アジア人、ヒスパニックなど）
- 学歴（高卒/専門卒/短大/大学/大学院）
- 専門性（玄人/素人）

例えば、アジア系は日本人より英語ができない人が多い場合もあります。意外と、西洋人であっても英語を話したくない人（特にフランス人）が居ます。そういった状況を無視して、難解（マイナー）な英語表現を迂闊に用いると、相手が内容を全く理解しない（あるいは誤解する）恐れが生じます。Non-native向けの英作文として、無難な英語のレベルは「高卒レ

ベル（実用英検2級）」です。それ以上の高尚な英語を用いても、相手が内容を理解しづらいケースが出てきます。愚直ではありますが「自分の話に関する相手の理解度を逐次確認していく」のも忘れないようにしたいです。日本人の感覚では、「頻繁に確認すると何となく煙たがられるのではないか？」と考えがちですが、**相手も日本人が Non-native というのは重々理解しているので、遠慮することはありません。**

4 自分の日本語力＞自分の英語力

「完全な直訳というのは、難度が高い英作文である」という話をしましたが、殆どの日本人はこの茨の道に足を踏み込もうとします。母国語である日本語の表現レベルが高いのは当然です。しかし、直訳しようとすると、その高い表現レベルのまま、外国語である英語を扱う必要が出てきます。換言すると「巨大で固い塊を咀嚼せずにそのまま飲み込もうとする」感じになってしまいます。

日本語を母国語とする日本人は、次の公式を肝に銘ずるべきです。

> **POINT** 日本語を母語とする日本人の言語能力の公式
>
> 自分の日本語力＞自分の英語力
>
>

英語が堪能な他人の協力を仰げる場合はまだしも、自力解決を必要とする場合は、この公式が厳然として存在する以上、「日本語の表現を噛み砕

いた（レベルダウンした）上で、自分にとって無理のない英作文をする」という発想が必須となります。日本人はプライドの高い国民性のせいか、この発想をし難いですが「学者の講義を子供向けの言葉で話す」位の意識で丁度良いのです。

5　伝えるべきは表層的な字面ではなく、その裏に組み込まれた意図

　お受験の世界では「合格最低点」という発想があります。つまり、100点満点を取れなくても、合格最低点さえ満たせば合格です。しかも、100点満点の受験生も、合格最低点の受験生も、待遇は全く同一の「合格」です。勿論、0点は間違いなく「不合格」となります。

　お受験大国の日本では、上記の話は自明であるはずなのに、何故か、日本人は、英作文では「常に100点満点狙い」となってしまいがちです。100点満点狙いで、100点満点を取れる保証は一切ありません。むしろ、「時間切れ」で不合格になる恐れもあります。あまりに「100点満点狙い」過ぎて、英作文の際に萎縮している（脳味噌がフリーズしている）というケースが散見されます。当然、英作文は「合格最低点狙い」で良いのです。合格答案にも、失点があって当然なのです。ただし、その反面、最低限の得点は確実に抑えるべきです。やるべき事は「致命傷を負わずに、部分点を獲得して、合格最低点に達する英作文を行う」ことです。

　例えば、「土砂降りの雨が降っています」という和文をどう英作文すべきでしょうか。次に示す英文が定訳となります（もっとも、この定訳も古めかしいということで敬遠されつつあります）。

第6章 「和文和訳」という最重要テクニック

「土砂降りの雨が降っています」の定訳

"It is raining cats and dogs."
（cats が大雨、dogs が強風を招くという迷信に由来する）

　この英文に出てくる"cats"とか"dogs"とかは「知っている者にしか分かりようがない」というレベルでしょう。つまり、上の英文は、このレベルに到達している人間にしか書けない英文です。
　もしこのレベルに到達していない日本人がどうしても「土砂降りの雨が降っています」と英語で表現する必要に迫られたとしたならば、次に示すように「知らない者でも書けるレベルの英文をとにかく書く」しかないのです。

「土砂降り」を何とか表現しようとしている英文

・We are having heavy rain.
・Heavy rain, now!
・It's rainning so hard.

　ここでの重大メッセージである「rain（雨）」と「heavy（激しい）」の二大要素が漏れていなければ、英文としては十分に合格最低点であると言えるでしょう。

6　「和文和訳」の講師秘伝のテクニック集

　和文和訳の根底にある思想について述べてきました。この思想（方針）

がしっかりと理解できていないと、些末な小手先のテクニックに執着しても効果を発揮しません。本節では、具体的なテクニックの話について解説します。

和文和訳のポイントは次に示す10ヶ条に集約されます。

>
>
> **和文和訳のポイント10ヶ条**
>
> ① 和文和訳を行うプロセス
> ② 「十八番」の表現を会得する
> ③ 中学生に説明できる表現を考える
> ④ 長い文は短く細切れにする
> ⑤ 和文内のSVOCを明示する
> ⑥ 無生物主語を活用する
> ⑦ ストレートに表現する
> ⑧ 同等の表現に言い換える
> ⑨ 要点を箇条書きしてみる
> ⑩ 「和文和訳」結果の検算方法

各項目を下記に詳述します。

① 和文和訳を行うプロセス

「和文和訳」の活用は和文英訳がメインですが、英文和訳時にも適用可能です。図1に示すように、和文と英文の中間言語を作成するイメージとなります。

②「十八番」の表現を会得する

自分がよく使う定型表現を英文と和文を対応させて丸暗記します。英文

第6章 「和文和訳」という最重要テクニック

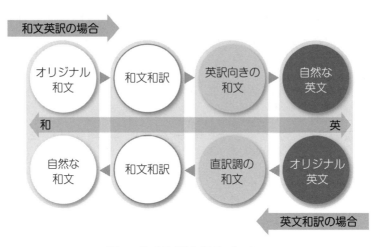

図1　和文和訳を行うプロセス

から和文、和文から英文が条件反射で出てくる位に丸暗記します。この丸暗記した表現（のレベル）こそが「和文和訳」において原文のレベルダウン（咀嚼）を試みる際の基準となります。つまり、パッと頭から出てこないような表現を無理矢理使おうとするのは避けた方がよいです。よって、英語学習を地道に蓄積し「十八番」のレパートリーを増やすのが王道となります。

③中学生に説明できる表現を考える

　日本の教育制度では義務教育は中学校までとなります。換言すれば、社会人の教育レベルの最低限は中学校レベルです。中学生時代だったときの自分に説明しても分かるレベルにまで、オリジナル和文の表現を噛み砕く必要があるでしょう。「日本人全員が中学校レベルの英語をマスターしている」はずです。と言うことは**「中学校レベルの和文ならば、中学校レベルの英語に無理なく英訳できる」**はずです。

④ 長い文は短く細切れにする

　和文は一文が長くなる傾向にあります。特に「xxxxx であるが、○○○

○○である」といった文の場合は「xxxxxである」と「○○○○○である」の2つの文に分割できないかを検討しましょう。そもそも「が、」という接続詞は、順接と逆接の区別が分かりづらいです。**一文を短くし、かつ、文同士を接続詞でつなげる**（＝順接と逆接の区別を明示する）ようにしましょう。

⑤ 和文内のSVOCを明示する

　和文は英文と比して、SVOCが曖昧（省略）となる事が多いです。英文はSVOCの省略を許容しない文法です。和文で欠落しているSVOCは脳内補完する必要が出てきます。和文は主語（S）が欠落することが多いです。日本語は「動詞・副詞」指向、**英語は「名詞・形容詞」指向**の言語であると言われています。

⑥ 無生物主語を活用する

　英文は和文と比して、生物でない概念的な主語（無生物主語）を多用します。無生物主語を使うと、あっさりと英作文できる場合もあります。例えば、「3分間歩けば、東京駅に着けるでしょう」という日本語を英訳する場合には、次のように英訳しても良いでしょう。

―――――「3分間歩けば東京駅に着ける」の英文例―――――
It takes three minutes to walk to Tokyo station.

　この英文でも英文法的には誤っていないので、これでも十分に通じます。しかし、次に示すように、無生物主語を活用することでスッキリした言い方に英文をダイエットできます。

第6章 「和文和訳」という最重要テクニック

> **POINT** 無生物主語を活用して英文をダイエットした例
>
> Three minutes walk takes you to Tokyo station.

　この英文では「Three minutes walk（3分間の歩行）」という箇所が主語となっています。"歩行"というのは人間（生物）でないので"無生物"（抽象概念）となります。日本語の言い回しでは無生物主語を用いることがほとんど無いので、この英文は日本人的には違和感を覚えるかもしれませんが、英語圏ではむしろ自然な言い回しとなります。必要に応じて、無生物主語を活用しましょう。

⑦ ストレートに表現する

　日本人は受動態を好んで多用します。しかし、英語表現では能動態の方が分かりやすいです。主語を曖昧にしたいような特別な事情がない限りは、受動態でなく能動態の文で言い切る方が英文をスッキリさせられます。
　例えば、「私の解決案はこの課題に有用だと考えられる」という日本語の英訳は次のようなものが考えられます。

> **「私の解決案はこの課題に有用だと考えられる」の英訳例**
> It is assumed that my solution is useful for this task.

　この英文でも通じなくはないですが、受動態を用いているせいで、主張の力強さが弱まっている印象を受けます。受動態だと他人行儀（自分事でない）印象を受けるのです。自分が主張したいメッセージを思い切って断言して、次のように、能動態で述べる方が相手の外国人にとって分かりやすくなります。

> **POINT** 己の主張を断言する言い回し
>
> I believe that my solution is useful for this task.

この英文の直訳は「私の解決案はこの課題に有用だと**私は信じている**」という言い切り（断言）の表現となっており、日本語として見た場合も、断言の表現の方が分かりやすいです。

⑧ 同等の表現に言い換える

筆者もそうなのですが、適切な英語表現が咄嗟に出てこない場面がしばしばあります。その場合は、表現が冗長になるのを覚悟の上で説明的な英文を検討します。例えば、筆者の事例では、外国人と英会話していた時に「目薬」に相当する英単語が思い浮かばなかったことがあります。その時は「目薬＝目のための薬（medicine for eyes）」と発想し、その表現をそのまま話しました。すると、相手の外国人が "OK, you mean <u>eyedrops</u>." という風に正答で言い換えてくれました。正解の英単語そのものを知らずとも「目薬」というニュアンスが確実に相手に伝わったのです。

⑨ 要点を箇条書きしてみる

結局のところ、コミュニケーションの目的は「**要点が相手に確実に伝わる**」ことであり、それ以外（表現の巧拙、細かい英文法、高尚な英単語など）は些末なことです。逆に言えば「要点が漏れると致命傷を負う」とも言えます。よって、和文和訳の結果として「要点の抜け」がないことを担保するために、予め、オリジナル文の要点を箇条書きすることを推奨します。「要点の箇条書き」と「英作文」を1：1で対応させることができれば、要点を漏らしていないことが検証できます。

第6章 「和文和訳」という最重要テクニック

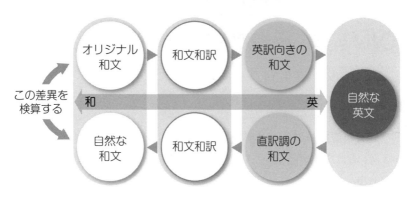

図2 「和文和訳」結果の検算方法

⑩「和文和訳」結果の検算方法

「和文和訳あるいは意訳がどの程度まで許容されるか？」という質問は多いです。その質問に対する答えは「翻訳結果を更に翻訳し直した結果をオリジナル文と比較して、その差異が許容できる範囲であれば問題なし」ということになります。その検算方法の概要を図2に示します。

英訳しにくい日本語

　本章では「和文和訳」というテクニックに焦点を当てて解説しました。本章の解説を読んでもなお、一部のズボラな日本人は「オリジナル和文」から直接的に英訳した方がまどろっこしくなくて良いと思うかもしれません。要するに、中間である「英訳向けの和文」を作るのが面倒くさいということです。

　ですが、「和文和訳」の目的は英訳作業を容易にするためだけではありません。日本と諸外国との間に横たわる歴史、文化、宗教などの背景の違いから、日本人が抱いている"概念"と外国人が抱いている"概念"に大きなギャップがあることが多いのです。つまり、「日本人は意識しているが、外国人は分からない（気にしていない）こと」も多ければ、その逆に、「外国人は意識しているが、日本人は分からない（気にしていない）こと」も多いということです。特に厄介なのは前者の方でして、日本人にとっては暗黙（自明）の前提となっているため、前者を外国人に対して英語で説明するのは困難です。「日本語を英語に直訳する」とは言っても、そもそも論として、「日本語の概念に直接的に1：1で対応する英語」が全く存在しない可能性もあります。

　そのような「英訳しにくい日本語」、その「和文和訳」、そして、

第6章 「和文和訳」という最重要テクニック

表　英訳しにくい日本語の例

英訳しにくい日本語	和文和訳	英訳
いただきます。	食事を楽しみましょう。	Enjoy your meal.
ごちそうさま。	食事に感謝します。	Thank you for the meal.
ぼちぼち	関西弁は一語で色々なニュアンスを含むため直訳が厳しい。ひとまず「そこそこ」を示す英語表現をあてる。	So-so. (Not bad.)
お疲れ様です。	直接対応する英語表現はない。よって、強いて言うならば「明日会いましょう」といった表現となる。	See you tomorrow.
ただいま。	家に着いた。	I'm home.
おかえり。	自宅を長期間不在にした時にしか言わない。一日くらいの短い不在では、直接対応する英語表現はない。	自宅を長期間不在にした人に対しては"Welcome home."と言うこともある。
空気読め	雰囲気をよく考える	Consider the atmosphere.
旨み	意外にも西洋料理などの海外の料理には和食の「旨味」に相当する味覚がない。甘味、酸味、塩味、苦味に次ぐ「第5の味覚」という扱いである。	「第5の味覚」をそのまま直訳すれば"the fifth taste sensation"となるが、言葉での説明が非常に厄介である。旨い和食を実際に味わうしかない。

「和文和訳」を英訳した英文を表に列挙します。

　表は「英訳しにくい日本語」のごく一部を列挙したのに過ぎませんが、それでも、表を通読しただけでも「和文和訳」の重要性は理解できると思います。日本語にドンピシャで直訳（対応）できる英単語が一切無いという状況なのですから、否が応でも「和文和訳」するしか無いのです。それも、自分の英語力に応じた「和文和訳」です。

　ちなみに、国土交通省認定の国家資格である通訳案内士の面接試験では「"わび"と"さび"の違いを英語で説明せよ」という出題がありました。正直、日本語でも解答するのが困難です。「わび」は"beautiful and quiet"、「さび」は"elegant and simple"という英訳を当てている場合もありますが、特に定訳は無さそうです。外国人も奥深い「わびさび」の概念を解釈するのに観念した（??）のか、「わび」は"Wabi"、「さび」は"Sabi"とローマ字綴りで済ませる英文も出てきています。

　このように、深遠なる日本語の世界は英語では語り尽くせぬものです。だからこそ「和文和訳」が必須なのです。

第7章
各種ドキュメントの作成で活用する「技術英語」

　外国人と英語でコミュニケーションをとる日本人エンジニアは「技術英語」を駆使して様々な種類のドキュメントを作成する必要が出てきます。本章では、次に示すドキュメントを作成するためのヒントを示します。

本章で扱うドキュメントの種類

- Eメール
- 会議のアジェンダと議事録
- マニュアル（仕様書）
- 企画書（提案書）

　本書のページ数は限られているため、各種のドキュメントに関して詳細に深入りした解説をする余裕はありません。それに、"狭く深く"の内容に関しては他の専門書が詳しいと思います。本章では、Non-nativeとして「技術英語」の現場に飛び込まざるを得なかった筆者が実務を通じて会得したエッセンス（考え方の基本）に絞って解説します。よって、洗練された説明ではないかもしれませんが、その反面、教科書的な解説に留まらない"ナマ"のノウハウであると自負しております。

1　Eメール

日本のEメール文化の「ガラパゴス化」

　外国人と一緒にする仕事において、「英文Eメール」を読み書きする状況は日常茶飯事でしょう。しかし、日本人が誤解しがちなのも、このEメールです。日本のEメール文化は世界標準から見て、明らかに「ガラパゴス化」しています。

　日本のEメール文化の「ガラパゴス化」の徴候を次に示します。

> **KEYWORD**
> 日本のEメール文化の「ガラパゴス化」の徴候
> ① CC（Carbon-Copy）の乱用
> ② ML（Mailing List）の乱用
> ③ メールの乱用

　実は、ここで列挙していることは、筆者がシリコンバレーで働いていた時期に、現地の米国人エンジニアから指摘されたものです。日本人だけで仕事をしているとなかなか気付きにくい点ですが、それ故に、米国人には日本人特有の癖として目につくのでしょう。
　ここ各項目の詳細を下記に示します。

① CC（Carbon-Copy）の乱用

　日本人はメール宛先の「CC（Carbon-Copy）」に、やたら多くの人を入れたがる傾向にあります。特に、上司やVIP等のいわゆる「お偉方」を

入れようとします。中には、メールを展開する必然性が低い人もCC扱いで宛先に入れようとします。日本人がCCを乱発する背景として「責任逃れ」の心理があるのでしょう。つまり、「CCに入れたからにはメールを読んでいますよね」や「CCに入れたから、メールに対する反論をしてこなかったということは黙認という理解でOKですね」といったニュアンスを込めていると考えられます。しかしながら、こうやってCCを乱発されると、組織階層で偉くなるほどメールの洪水が押し寄せることになります。それに、露骨に「責任逃れ」感が臭うCCは、CCの宛先の人々を苛立たせるだけです。

② ML（Mailing List）の乱用

　日本人は「ML（Mailing List）」を深い考えもなしで立ち上げまくった挙げ句、そのMLに深い考えもなしで多数のメンバーを含めてしまう傾向にあります。当然、「深い考えもなし」ではMLの運用管理も行き届かず、結局、有象無象のMLが組織内に乱立することになります。特に、MLに含めるべきメンバーはML立ち上げ前にじっくりと厳選すべきです。MLの目的と関係性が薄いメンバーまで含めてしまうと、MLのメンバー管理の収集がつかなくなります（情報セキュリティ対策の見地からも問題です）。そして、上述した「CCの乱発」と同様に、「お偉方」ほどMLのメンバーに含められる傾向にあるため、ML経由でメールの洪水が押し寄せることになります。

③ メールの乱用

　そもそも論ですが、日本人は「メール依存症」と言っても過言では無い位に、仕事をメールに依存しすぎています。ITの本場のシリコンバレーにおいては、日本人が思っているほどにはメールに頼っていません。米国人は本当に必要な議論は「対面の会話」で済ませることが多いのです。それに対して、日本人のメール依存は目に余り、酷い場合は「隣同士の席に

座っているのに口頭で会話せずにメールを送信し合っている」こともあります。恐らく、口頭で会話を済ませるのではなく、あえて、メール（書面）でやり取りしている理由としては、自分や相手の発言内容の記録（ログ）を取得し、「言った、言わない」の水掛け論を防ぐための証拠とするためでしょう。そうは言っても「隣同士の席」の事例は、日本人である筆者から見ても、メールに依存しすぎのように思えます。

外国人向けのEメールに関する留意点

「ガラパゴス化」している日本のEメール文化という観点以外に、日本人が見落としがちな留意点を次に示します。

> **KEYWORD**
>
> 外国人向けのEメールに関する留意点
> ① 外国人は全文を丁寧に読まない。
> ② 外国人は文書の読み書きが嫌い（面倒くさい）。
> ③ 「人称代名詞（We、You）」を使うのは極力避ける。

各項目の詳細を下記に示します。

① 外国人は全文を丁寧に読まない

外国人はメールに明確に書いていることを平気で読み飛ばす傾向にあります。筆者の経験上、メールの文面をマトモに読むのはせいぜい「最初の5行まで」です。よって、英文Eメールは、文書量が少なければ少ないほ

ど良いです。伝えるべき情報量が増えそうであれば、Eメールを幾つかに分割して送るようにします。

② 外国人は文書の読み書きが嫌い（面倒くさい）

上記と関連しますが、伝えるべき情報量が多いと初めから分かっているのであれば、書面（Eメール）でやり合うのではなくて「電話（TV）会議」による対面（F2F）の議論に持ち込むようにします。日本人はついつい「Eメールを送って返事も来なかったから、"沈黙は同意"と見なす」という考え方をしがちですが、返事が来ない場合は、そもそも貴方のメールが読まれていない（あるいは、読み捨てられている）だけの可能性が高いです。外国人は「Eメールだけで話を片付けようとする」発想を嫌います。特に、説得、交渉、依頼の場合は、（面倒でも）口頭で会話する機会を積極的に持つようにすべきです。

③「人称代名詞（We、You）」を使うのは極力避ける

人を指し示す人称代名詞であるWeやYouには「We＝弊社、You＝貴社」という意味があります。便利な表現なので、日本人は英文ドキュメント（Eメールを含む）で人称代名詞を多用しがちです。ですが、次に示すリスクには留意しましょう。

POINT　　　　　　　　「人称代名詞」のリスク

- 自社とパートナー企業（協業相手の企業）の両社が「共同作業」をしている場合に"We"という主語を迂闊に使ってしまうと、行為の主体が「自社のみ」なのか「自社と相手先法人の2社」なのかが不明確となってしまう（責任範囲が不明瞭となる）。

> ● 人称代名詞の使用は最小限に留めて固有名詞（例：個人名や企業名など）を明示すべきである。特に、契約書や議事録など（紛争時の）エビデンス目的が強い文書の場合は人称代名詞の使用は避けるべきである。

筆者はこののリスクを理解しているので、基本的には人称代名詞の利用は必要最小限にして、普段は出来るかぎり固有名詞を明記するようにしています。例えば、自社の名前が「AAAA 社」で相手の企業の名前が「BBBB 社」だとするならば、「自社＝We、貴社＝You」とは書かずに、そのまま「自社＝AAAA 社、貴社＝BBBB 社」と書いてしまうべきです。「AAAA 社」と「BBBB 社」の両社のことを指したければ、「両社＝We」とせずに、単純に「両社＝AAAA 社 and BBBB 社」としておけば誤解の恐れはないでしょう。

英文 E メールの構成要素

英文 E メールの構成要素は次の通りです。

> **KEYWORD**
>
> **英文 E メールの構成要素**
>
> ① メール件名（Subject）
> ② メール宛先（Send To）
> ③ 導入部（挨拶）
> ④ 本文
> ⑤ 文末の言葉（〆）
> ⑥ 結びの言葉

⑦　メール署名

各項目の詳細を下記に示します。

① メール件名（Subject）

　実は、「メール件名（Subject）」は最大の腕の見せどころです。本当に多忙な意思決定者（decision maker）は、Eメールの本文を読んでいる暇すら無いです。この事情は 第2章「英語」の前にまずは「日本語」で でも述べました。だからこそ、このメール件名に要点全てを凝縮する位の勢いが欲しいです。例えば、「メール件名（Subject）」を特に目立たせるように次に示すような書き方をします。

> **POINT** 視覚的に目立って用件が分かりやすいメール件名の書き方
>
> 用件　● [Request] xxxx
> 　　　● [Confirmation] xxxx
> 　　　● [FYI] xxxx
> 　　　　※ "FYI" は "For Your Information"（ご参考）の略
> 　　　● [Inquiry] xxxx
> 　　　● [Reminder] xxxx
> 期限　[Urgent] [Deadline: Oct 12] xxxx
> 返信要　[Need to Reply] xxxx

　これを見れば分かると思いますが、メール件名のみで「緊急性」や「重要性」を一目で示すと同時に、「返信が必須」や「返信の期限」といった重要な情報を相手に伝えきるように工夫します。

② メール宛先（Send To）

　丁寧に個人名の宛先を記す文例は次のとおりです。特に、メールを初めて送信する相手にはこの書き方が無難と言えます。

> **POINT**　　個人名の宛先（丁寧）
> - Dear Mr.（男性の名字），
> - Dear Ms.（女性の名字），

　ちなみに、女性の敬称は「Miss.」や「Mrs.」というのもありますが、この敬称だと「女性の既婚/独身」の区別をする必要があるため、近年は「Ms.」という敬称で統一することが多いです。「Ms.」はカタカナ発音では「ミズ」と発音します。女性にしてみれば「既婚/独身」の区別は余計なお世話でしょうし、そもそも、相手が独身か既婚かなんて相手にヒアリングするまで不明なので、そういう相手に「Miss.」あるいは「Mrs.」のどちらを使うべきか悩むから、「Ms.」という無難な敬称で済ませるのです。

　ある程度のやり取りを重ねた相手であれば、次のようにカジュアルな個人名の宛先を記します。特にシリコンバレー等のIT業界は、2回目以降はこの程度のカジュアルさという場合も多いです。

> **POINT**　　個人名の宛先（カジュアル）
> - Hi,（名前）
> - Hello,（名前）

　特に、米国人は表現の「カジュアルさ」に敏感です。例えば、米国人が「Hi, Bando」と書いてきているのに、日本人が「Dear Mr. xxxx」と敢えて書いてくると、その米国人にとっては「すごい他人行儀」な印象を受けます。

特定の部門等の宛先は次のように記します。

> **POINT** 　　特定の部門等の宛先
>
> - Dear（部署名），
>   例えば、"Dear Sales Dept.,"
> - Dear（職位名），
>   例えば、"Dear Marketing Director,"

案件の担当者が不明な場合は次のように記します。

> **POINT** 　　担当者が不明な場合
>
> To whom it may concern,

　上の英文は日本語で言うところの「関係各位」というニュアンスになります。この直訳は「関係しているかも知れない誰かへ」となっています。

③ 導入部（挨拶）

　初回メールの場合は、次のような挨拶をするのが定番です。

> **POINT** 　　初回メールの場合の挨拶
>
> "Hello, nice to contact you."

　次に、初回なので、自分のことを相手に知らしめるために自己紹介をします。次のように、自分の勤務先や担当など、紹介すべき内容は概ね決まり切っているので、恐れるに足らずです。

POINT　自己紹介の文例

- I am working for xxxxx.（xxxx 社に勤務しています）
- I am responsible for xxxxx.（xxxx の担当をしています）

2回目以降のメールの場合、特に複雑な挨拶は不要です。"Hello"くらいで良いです。ただ、外国人（特に米国人）は「せっかち」です。よって、次に示すとおり、最初の1文で「このEメールはxxxxの用件だ」と言い切って、その後、すぐ本論に入る方が良いでしょう。

POINT　用件を伝える文例

- I am writing about xxxxx.
- I e-mail to you because xxxxx.
- The purpose of this e-mail is (that) xxxxx.（本メールの目的は xxxxx です）

④ 本文

本文はケースバイケースでしょうから、100％テンプレート通りにはいきません。基本は「英借文」で良いと思いますが、「英借文」でカバーしきれない箇所は自分の頭で臨機応変に考えて英作文していくしかないです。本節では、筆者が個人的によく使う表現を幾つか紹介します。

感謝を示す表現は次のとおりです。ポイントは、何に対する感謝であるかという感謝の対象を明示することです。

POINT　感謝を示す表現

- Thank you very much for xxxx.
- I really appreciate your sincere cooperation for xxxx.
  （貴方のxxxに関する心からのご協力に本当に感謝致します）

　謝罪（残念）を示す表現は次のとおりです。ポイントは、感謝の場合と同様に、何に対する謝罪であるかという謝罪の対象を明示することです。

POINT　謝罪（残念）を示す表現

- We are really sorry that xxxx.
- Unfortunately, xxxxx.
- I am afraid to say that xxxx.
- I am really sorry for xxxx.
- Please accept my apology for xxxxx.
- I sincerely apologize for xxxxx.

　依頼の表現は次のとおりです。ポイントは「Please ～～～」（丁寧な命令形）で押し通すのも良いのですが、質問で相手の意向を尋ねる形にしてみたり、"wonder if～"（～か否かを疑問に思う）という婉曲的な疑問にしてみたりすると、押しつけがましい印象が緩和されます。

> **POINT**　　　依頼の表現
>
> - Please do xxxx.
> - I would like you to do xxxx.
> - **Your prompt reply will be really appreciated.**（早急にお返事頂けると有り難いです）
> - Please let me know xxxxx.（xxxx をお知らせください）
> - Do you mind ~ing?（お手数ですが、xxxx してくださいますか？）
> - Would（Could）you do xxxx?
> - I am wondering if xxxx.（xxxx か否かを知りたく存じます）

意思の表明は次のとおりです。

> **POINT**　　　意思の表明
>
> - I would like to do xxxx.
> - I mean that xxxxx.

祝福の表明は次のとおりです。なお、細かい注意点ですが、「Congratulations」は複数形にするのが通例ですので、語尾にsを付けます。

POINT　祝福の表明

- I am happy to hear xxxxx.
- Congratulations on xxxxx.

「よろしくお願い致します」に相当する表現は次のとおりです。実は、「よろしくお願い致します」というのは日本語独特の表現でして、英語にはピッタリ対応する表現がありません。

POINT　「よろしくお願い致します」

Thank you very much in advance.

　この英文は直訳すると「予め（前もって）、非常に感謝致しておきます」といったニュアンスです。"in advance" という熟語は「予め（前もって）」を意味します。

　メールの送受信の確認を行うための表現は次のとおりです。

POINT　メールの送受信の確認

- I have already sent (e-mailed) xxxx.
- I still have not received xxxx.
- I have already received xxxx.

　メールのやり取りにおいて、意外と多いのが「メールを受け取った/受け取っていない」という事実確認に関するトラブルです。話が相手とかみ合わないという違和感を感じたら、念のため、上記のような表現で事実を確認しましょう。

添付ファイルの確認の依頼は次のとおりです。

> **POINT**　添付ファイルの確認の依頼
>
> - **Attached** please find xxxxx.
> - **Attached** herewith is xxxxx.

文の先頭に"Attached"というのを持ってくるのに若干違和感を覚えますが、この文例はほとんど定型文のように普及しています。

⑤ 文末（〆）の言葉

Eメールの最後の言葉なので「何かございましたら、お気軽にご連絡ください」といったニュアンスの文言が入ります。

> **POINT**　文末（〆）の言葉
>
> - I look forward to hearing from you.（またの便りを心待ちにしております）
> - (Please) Feel easy (free) to ask me any questions.（何なりとお気軽にご質問ください）
> - (Please) Ask me any questions you have about the product.（製品に関するご質問は何なりとお尋ねください）
> - (Please) Don't hesitate to contact us if you have any questions.（ご質問がありましたら、躊躇なさらずにご連絡ください）

⑥ 結びの言葉

日本語で言えば、結句（敬具、早々、かしこ等）に相当します。代表的な結句は次のとおりです。上の方ほど丁寧な表現となります。

POINT　結びの言葉

丁寧
- Sincerely yours,
- Best regards,
- Thanks,

　筆者の経験上、書面（公式）の手紙ではないEメールでは"Sincerely yours,"はほとんど見ません。最も丁寧で"Best regards,"止まりです。

⑦ メール署名

　メールの最後には、自分の情報（特に連絡先）を掲載します。各人の好みやニーズもあると思います。分かりやすく言うと「自分の英文名刺」に掲載している情報をテンプレートとして書きます。参考までに、筆者のメール署名を次に示しておきます。

POINT　筆者のメール署名（例）

　BANDO Daisuke
　BANDO P.E. Jp office
　P.E. Jp（Information Engineering）
　E-mail: daisuke@bando-ipeo.com
　URL: http://www.bando-ipeo.com/

2　会議のアジェンダと議事録

　英語で会議を行うための「アジェンダ（Agenda）」と「議事録（Meeting minutes）」の書き方について説明します。言語を問わず、「議事録の作成

第7章　各種ドキュメントの作成で活用する「技術英語」

スキルは仕事の実力を如実に反映する」と筆者は考えています。新人教育の一環として、若手に議事録を作成する訓練をさせるのは仕事力アップの意図もあるでしょう。更に言うと、「議事録を念頭に置いて会議を進行する」のが会議を上手く進めるコツです。「上手い会議ならば上手く議事録が書ける」という真理があるのです。

「議事録」の話をする前に「会議」の話をしたいです。特に、外国人との会議でありがちなのが「電話会議」あるいは「TV会議」です。日本と海外という物理的な距離もあり、「対面（F2F）会議」というのは稀です。筆者の経験から言うと、電話会議は難度が高いです。相手の様子（顔色）をこちらから窺い知ることができない上に、電話回線の品質が悪く相手の発言が聞き取りづらいことも多いです（この困難に比べると、TOEICのリスニングテストなどママゴト遊びのように感じてしまいます…）。

外国人と英語で会議する際には「アジェンダ（Agenda）」と「議事録（Meeting minutes）」の作成が必須の前提となります。「アジェンダ」と「議事録」を作成もせずに会議を済ませようとする日本人が散見されますが、愚の骨頂としか言いようがありません。日本人同士が日本語で行う会議ですら「アジェンダ」と「議事録」が無い場合は議論が発散して収集がつかなくなる事も多いと言うのに、ましてや、英語が苦手な日本人が外国人相手に「アジェンダ」と「議事録」無しで立ち向かうのは無謀極まりないのです。

外国人相手に英語で行う会議は図1に示すプロセスに準拠するのが望ましいです。

図1の各項目の詳細を次に示します。

2 会議のアジェンダと議事録

図1 会議のプロセス

アジェンダの作成と事前送付

　会議で話すべき「アジェンダ（Agenda）」を相手先に事前送付します。「アジェンダ」とは「議題」を意味します。自分の頭を整理する意図もありますが、自分で書いて先に送ることで「先手必勝」を狙っています。そもそも、英語が苦手な日本人が会議の場においてアドリブで話すべき項目を考えるなど不可能に近いですし、先方の外国人も極めて多忙なはずなので、会議に時間をとって参加してくれるか不明です。特に、米国人は日本人がやりがちな「明確な目的もなく、何も決定せず、惰性だけで集まり、終了予定時刻になってもダラダラと延長し、話が発散して先に進まない」ような会議をひどく嫌悪し、内心怒りに充ち満ちていることが多いです。

　「アジェンダ」に書くべき事項は**表1**の通りです。

表1 「アジェンダ」に書くべき事項

項目	説明
題目 (Title)	会議のタイトル（目的）を書く。
開催日時・場所 (Date and Place)	海外との遠隔会議は時差が生じる可能性がある。「10：00 A.M. JST」というように Time Zone を明記する。
参加者 (Participant)	社外の参加者が居る場合、社名と所属と肩書を記入する。
役割 (Role)	下記を明記する。 ● 司会（Facilitator） ● 書記（Note-taker） ● タイムキーパー（Time-keeper）
事前準備 (Preparation)	事前に準備すべき資料などを明記する。
議題 (Agenda)	下記を明記する。 ● 会議の目的（Objectives, Purposes） ● 話し合う項目（Items to be discussed）
スケジュール (Schedule)	会議の議事進行の時間帯を記載する。発表者の名前と持ち時間など。質疑応答や議論の白熱など考慮し、余裕をもった時間割とする。

（余力があれば「前回会議のまとめ（Review of the previous meeting）」も書く）

会議本番の進行

「アジェンダ」さえしっかりと作り込めば、会議本番は上手く進行できるはずです。強いて言うならば、リスニングに注力することとスピーキングに留意することです。スピーキングに関しては、後続の「第8章　英語プレゼンテーション　虎の巻」で詳述します。リスニングに関しては、先方の発音にとにかく慣れるしかありません。聞き取れない場合は、必ず聞き返しましょう。話が「アジェンダ」から脱線しそうになった場合や発散し過ぎそうな場合は「会議の仕切り直し」を提案し、極力、議論を「アジェンダ」の範囲内に収めるようにします。

会議で有用な表現

会議で有用な表現を幾つか紹介します。

会議のスタート

会議をスタートするための出だしの表現の一例は次のとおりです。

> **POINT** 　　　　　会議のスタート
>
> - Our members are three persons, XXX-san, YYY-san, and ZZZ-san. Who are yours today?
>   (我が社側のメンバーは3人です。XXX さん、YYY さん、ZZZ さんです。本日、御社側は誰が参加してますか？)
> - Today, I'd like to start with XXXX, OK?
>   (今日は、XXXX の議題から開始したいです。よろしいでしょうか？)

議事録をとる都合などもあるため、上にあるように出席者を確認したり、あるいは、最初に議論を開始する議題の宣言を行ったりすると良いでしょう。

念押しの確認

相手と意思疎通の齟齬を防ぐために、念押しの確認を行う表現の一例は次のとおりです。

> **POINT** 　　　　　念押しの確認
>
> - Please let me confirm we are on the same page.（我々の認識が合っているかを確認させてください）

> - In my understanding, your point is XXXXX. Is that correct (right)？（私の理解では、貴方の要点はXXXXだと考えています。正しいでしょうか？）
> - Please let me summarize today's points.（本日の要点を整理させてください）
> - Is this OK (acceptable) for you?（これは貴方にとって問題ないでしょうか？）

ここに出てくる"we are on the same page"（直訳は「我々が同一ページ上に居る」）というのは使い勝手の良い頻出表現です。日本語的には「認識が合っている」というニュアンスです。

相手の話を中断させる

相手が一方的に話をまくし立てる場合などに、相手の話を中断させて自分の話を行いたい場合の表現の一例は次のとおりです。

POINT　相手の話を中断させる

Please let me talk now!

特にインド人相手の場合は効果的です。インド人はマシンガントークなので、日本人が止めないと、ひたすら延々と話し続けます。エスニック・ジョーク（国民性に関するジョーク）では「国際会議で困難なことは、日本人に発言させることとインド人を黙らせることである」と言われています。

リスニングができない場合

早口の相手（特にインド人）だと日本人のリスニング能力では追いつけずに、話をもう一度聞き返したい局面が頻繁に訪れます。リスニングでき

なかったことを聞き返したい場合の表現の一例は次のとおりです。

> **POINT**　　リスニングができない場合
>
> - Today, the line condition is not so good. Please speak clearly and slowly. (今日は、電話回線の状況があまり良くありません。はっきりと、ゆっくりと話してください。)
> - I am wondering if I can understand what you actually meant. Could you repeat it again? (貴方が実際に意図していることを理解できているか確証が持てません。もう一度、繰り返して頂けますでしょうか？)

「電話回線の状況が悪い」という文は、筆者がよく使っていた文例です。少々ずる賢いかもしれませんが、電話回線のせいにしておけば、誰の気を害することもなく、相手に聞き返すことができます。

詳細は後回し（書面で）

「詳細は後回し」と言うことで「後でEメールを送って欲しい」という場合の表現の一例は次のとおりです。

> **POINT**　　詳細は後回し（書面で）
>
> - In detail, please e-mail to me later. I'll check it. (詳細に関しては、後で、私宛にEメールしてください。チェックしておきます。)
> - In detail, I will e-mail to you later. Please check it. (詳細に関しては、後で、Eメールする予定です。チェックしていてください。)

これに関しても、「リスニングができない場合」と同様に、相手の言わ

んとすることをヒアリングしきれる自信がどうしても持てない場合は、相手に手間暇をかけさせるのを覚悟の上で、口頭ではなくEメール（書面）で片付けるように相手を誘導します。

会議の〆

「会議の〆」としてのお別れの表現の一例は次のとおりです。

> **POINT**　会議の〆
>
> Thank you for today's meeting. Have a nice day! Bye-bye! See you!

シリアスな会議も最後の方はリラックスムードとなります。特に週末の会議はそうです。余談ですが、欧米圏では「TGIF」という略語があります。「Thanks, God. It's Friday」の略です。ユダヤ教やキリスト教には「安息日」という考え方があることから、欧米人は週末に近づくほど「安息モード」となります。

議事録の作成と送付（回覧レビュー）

会議で決定した内容は「議事録（Meeting minutes）」として相手先に送付します。ここでのポイントは、議事録を相手に作成させず自分で作成して、早急に相手先に送付することです。議事録送付の目的は次の通りです。

> **POINT** 議事録送付の目的
> - 誤解の抑止(もし誤解があれば相手に修正させる)
> - 言質を取る(決定事項や発言内容に関する言い逃れをさせない)

特に、外国人は口頭だけで話を済ませると"I didn't hear that."としらばっくれようとする場合があります。海千山千の外国人相手にやり合うのに手間を惜しんではいけません。

「議事録」に書くべき事項は表2の通りです。

表2 「議事録」に書くべき事項

項目	説明
題目 (Title)	アジェンダと同様である。 (ただし、参加予定者が欠席した場合はその旨を明記する)
開催日時・場所 (Date and Place)	
参加者 (Participant)	
役割 (Role)	
結論 (Conclusions)	決まった内容を簡潔に記す。 実施決定事項は「誰が何をいつまでに実施するべきか」を記す。
次回の会議 (Next meeting)	次回の会議の場所と日時を記す。
署名 (Signature)	公式な議事録では、議長あるいは責任者が承認・署名する。

3 マニュアル（仕様書）

英文のマニュアルと仕様書の作成について説明します。実は、次に示すとおり、マニュアルと仕様書というのは表裏一体の関係性があります。「マニュアル」と「仕様書」の両者は製品やサービスを記述するという目的は同じですが、物事を見る視点が違うのです。

> **POINT** 「マニュアル」と「仕様書」の視点の違い
>
> ● マニュアル（操作説明書）
>   ユーザー視点で記述する。技術の詳細（内部）はブラックボックスで書かない。一般的な言葉を使う。
> ● 仕様書（設計書）
>   エンジニア視点で記述する。技術の詳細（内部）はホワイトボックスで詳述する。専門的な言葉を使う。

マニュアルと仕様書が表裏一体の関係性ということは、つまり、図2に示すとおり、マニュアルと仕様書の記述（書き方）は相通じる部分があることを意味します。特に、ユーザーから見える仕様（設計）である「外部設計」に関しては、マニュアルの記述が仕様書の記述とリンクしているのが自然です。

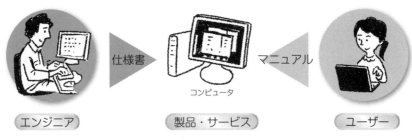

図2　エンジニア視点とユーザー視点

3 マニュアル(仕様書)

英文マニュアルを作成する際のプロセスの一例を次に紹介します。

POINT　英文マニュアル作成のプロセス[1]

- 作業の全体像を俯瞰する
- フローチャートを作成する
- 文章を書き起こす
- 実際にマニュアルを使って作業を行う
- 作業を整理する
- 目次を作成する
- 完成した取扱説明書を英訳する

マニュアルや仕様書に特有の留意点はありますが、基本的には、本書の「技術英語」の知識がベースとなってきます。次に、筆者の経験に基づき、マニュアルや仕様書に特有の留意点を幾つか紹介します。

POINT　マニュアルや仕様書を作成する時の留意点

- 読み手と貴方自身の「(技術の) 専門知識」レベルは把握しているか？
- 記述対象の製品やサービスを実際に操作した経験があるか？
- 自分の作品を吟味したか？
- 製品やサービスの技術担当者からのフィードバックは受けたか？
- 既存のマニュアルや仕様書のお手本（雛形）を参考にしているか？
- 法律遵守（Compliance）は大丈夫か？

各項目の詳細を次に示します。

読み手と貴方自身の「(技術の) 専門知識」レベルは把握しているか？

　読み手の専門知識のレベルを把握することは大事です。読み手が技術の専門家に近い立場であれば、初歩的な用語を丁寧に説明すると冗長な印象（馬鹿にされた印象）を受けます。逆に、貴方が専門知識に疎い場合、英語は良くても技術的な誤りを書いてしまう恐れがあります。自明のように思えますが、図3に示すとおり「技術英語」には「技術」の要素が含まれます。つまり、「技術」レベルを読み誤ると「技術英語」としては不完全になってしまうのです。

図3 「技術」＋「英語」＝「技術英語」

記述対象の製品やサービスを実際に操作した経験があるか？

　意外に思うかもしれませんが、マニュアル製作部隊と設計開発部隊が完全に別行動をしている場合も多く、記述対象の製品やサービスを実際に操作したことがないのに、マニュアルを書いていることがあります。そういう場合、素人目に読んでも説明を不自然に感じることが多いです。他人が理解可能な文書を作成したいならば、自分が製品やサービスを操作して実際に感じた経験（UX：User Experience）を滲ませるような説明をする

必要があります。

自分の作品を吟味したか？

　マニュアル（仕様書）を書ききった時点で気が抜けてしまい、自己チェックがおざなりになってしまいがちです。まずは、自分の英文は全て通しで音読しましょう。すると、表現がマズイ（リズムが悪い）箇所は声が詰まることに気付くはずです。次に、自分の英語表現をコピペして、Google等の検索エンジンで愚直に検索してみましょう。もし検索ヒットした件数が極端に少ない場合は、ネイティブの英語話者が使わない（見ない）表現である可能性が高いので、別の表現に書き直します。

製品やサービスの技術担当者からのフィードバックは受けたか？

　製品やサービスを一番詳しく知っているのは、他でも無い、技術担当者（設計開発者）のはずです。だから、（当然ですが）マニュアルや仕様書は然るべき有識者に査読（proof reading）してもらうべきです。一見当たり前の話に聞こえるかもしれませんが、筆者の持論としては「（メール）回覧レビュー」で済ませずに対面レビューを開催して、自分の口から内容をプレゼンしてフィードバックを受けることを強く推奨します。日本人エンジニアは多忙だし英語が苦手なので、英語ドキュメントを回覧したとしても、マトモにコメントくれない（読んでもくれない）可能性があります。

既存のマニュアルや仕様書のお手本（雛形）を参考にしているか？

　英文のマニュアルも仕様書も作成スキルの上達のコツは、上級者が書いたマニュアルや仕様書の書き方を「TTP（徹底的にパクる）」です。
　筆者自身がインターネット上に落ちている様々な先例をReadingしまくって英作文を体得したという経緯があります。頭で考えたり覚えたりし

ただけでは、実用的な英文を書けるようになりません。お手本を探してきて参考にしつつ、実際に自分の手を動かして「学ぶ（まねぶ）」必要があります。

法律遵守（Compliance）は大丈夫か？

マニュアルや仕様書に特有の留意点として「法律遵守（Compliance）」があります。筆者の経験上、次に示すポイントに注意しましょう。

POINT 「法律遵守（Compliance）」の注意点

- 輸出管理法規（Export Control Regulation）
  例えば、暗号技術に関する説明は、国際的に法規制の対象となる場合が多い。軍事転用などsensitiveな分野もある。
- 製造物責任法（PL［Product Liability］法）
  例えば、人命や損害に関わる事項に関しては、Caution（警告）、Warning（注意）、Note（注記）といった形で記載する。

4 企画書（提案書）

本節は「企画書（提案書）」という題目ですが、実は、「英文の企画書（提案書）」の作成に関する重要なポイントは「英語プレゼンテーション」とほぼ共通していると言えます。よって、詳しい内容は英語プレゼンテーションのコツとして、後続の「第8章　英語プレゼンテーション 虎の巻」でカバーすることにします。要するに、「英文の企画書（提案書）」を書く

という行為は自分で何かアイデア（企画）を出して、意思決定者を含む関係各位に提案して説得することを意味します。これはプレゼンテーション（以下「プレゼン」と称す）に他ならない訳です。

　強いて言うならば、プレゼンは口頭中心になりますが、企画書（提案書）は書面中心となります。つまり、プレゼンはプレゼン資料の内容を口頭で補足しながら説明できますが、企画書（提案書）の場合は文書だけで説明を完結する必要があるため、プレゼン資料の行間を埋める形で文書を丁寧に作り込む必要が出てきます。（乱暴な言い方を承知の上で言いますが）プレゼンであってもプレゼン資料（PowerPoint スライド）を作成するので、プレゼン資料の文書量を膨らませて Word ドキュメントにしたものが企画書（提案書）という理解で概ね良いです。企画書（提案書）となると、自分の新規アイデアを披露する訳ですが、最低限必要な情報は「数値目標（numerical targets）」となるでしょう。参考までに、数値目標を宣言する表現を次に挙げます。

POINT　　数値目標を宣言する表現

- We will increase sales by 20%.
- We are aiming to reach 120% more inquiries compared to last year.
- We will cut costs by 10%.
- We will achieve 100 million yen in sales.
- We must increase our customer satisfaction by 30% this year.
- We must improve our production capacity by 30%.

　ここに出てくる前置詞の "by" は程度を示します。例えば、"increase (decrease) XXX by 30%" というのは「XXXX を 30 %の度合いで増加（低減）する」という意味になります。

第7章　各種ドキュメントの作成で活用する「技術英語」

インド人の「サルベル」

　本章では、外国人相手に英語で話す会議の進め方について解説しましたが、筆者自身が随分と「恥ずかしい」目に遭った失敗談がベースとなっています。筆者はITエンジニアということもあり、筆者が相手する外国人もITに深く関係する国のエンジニアが多いです。ITと言えば、真っ先に思い浮かぶ外国は米国でしょうが、その次くらいに出てくるのは、恐らく「インド」でしょう。「インド人は数学に強い（0の概念を発見したのもインド人である）」といったイメージやバンガロール等の新興IT企業の急成長などもあり、世界のIT業界において、インド人の存在感が増しているのは紛れもない事実です。事実、筆者がシリコンバレーで働いていたときも、現地のIT企業のエンジニアはインド人が多数派を占めていました。

　という訳で、筆者はインド人相手に電話会議を（否が応でも）開催する機会があったのですが、筆者が10年ほど経過した現在でも忘れられない屈辱のエピソードが、電話会議の「サルベル」です。ある電話会議において、相手のインド人エンジニアが「サルベル」という単語を頻繁に連呼していました。しかし、生憎、筆者の英語の語彙には「サルベル」と発音する英単語は存在しません。つまり、インド人が話す「サルベル」の正体が全く不明だ

ったのです。しかしながら、そのインド人は「サルベル」を頻繁に連呼します。つまり、その会議における最重要キーワードが「サルベル」だったのです。ということは、その「サルベル」の正体を曖昧なままに捨て置くわけにもいかず、何とかして「サルベル」の正体を探る必要があります。結局のところ、筆者には「サルベル」とは一体何なのかという目星すらつかなかったので、やむを得ず、「聞くは一時の恥聞かぬは一生の恥」とばかりに、相手のインド人に「サルベルとは何か？」と尋ねました。すると、そのインド人は筆者のことを馬鹿にするように「何だ、お前は？ ITエンジニアのくせに、そんな初歩的なことも知らないのか？？」と吐き捨てるように返答しました…

　明らかに馬鹿にされて内心ムカッとしつつも、インド人の説明を聞いてみると、どうやら"server"のことを「サルベル」と発音していたということが判明しました。一般的な日本人の感覚だと、"server"はカタカナで「サーバー」と発音するイメージではないでしょうか。それを何の脈絡も無く、いきなり「サルベル」と発音されてもリスニングできる訳がありません。米国や英国の一般的なネイティブの英語話者も"server"を「サルベル」とは発音しないでしょう。筆者の推測が入りますが、インド人の英語の発音はインドの母語（ヒンディー語？？）の訛りが強く入っているため、"server"の"r"の子音を「ル」と発音する癖が出ているのではないかと思います。だから、"server"を「サルベル」と発音しているのです。

第7章　各種ドキュメントの作成で活用する「技術英語」

　本章では会議の議事録を必ずとるべきであると述べました。会議の記録をしっかりと残しておかなければ、筆者が味わった「サルベル」みたいな"ややこしい"話が出てきたときに、会議の場で相手の外国人と何を議論していたかが分からなくなってしまうからです。日本人の国民性なのか、思いの外、日本人は己の不明点を曖昧なままに放置で済ませがちです。「聞くは一時の恥聞かぬは一生の恥」そして「注意一秒怪我一生」です。その証拠に、筆者はインド人に馬鹿にされつつも、会議の要点である"server"をしっかりと抑えることができました。

第8章 英語プレゼンテーション虎の巻

　筆者は技術士という立場上、国際会議などでプレゼンテーションをする機会が多いです。本章では、英語でプレゼンテーションする際に役立つ心構えやノウハウを伝授します。本章で述べるノウハウに関しては、英語だけでなく、日本語でプレゼンテーションする際にも大いに有用です。

1　筆者の体験談

　筆者は技術士（情報工学部門）の国家資格の有資格者という社会的な立場を有しており、IT専門家として世界中を飛び回っています。技術士の業界ではITを専門とするエンジニアが少数派であるため、世界各国の技術者が集う国際会議（APEC国際会議）に呼ばれて、技術的なネタを講演する機会がありました。勿論、海外の人間同士が会話する訳なので、国際共通語のEnglishを駆使する必要に迫られます。国際的な場であるほど、英語が母国語である人間のほうが少数派なのです。筆者の英語もぎこちないですが、相手の英語もぎこちないです。要するに、「英語がへたくそなのはお互い様」と言っても良いでしょう。ただし、内容（content）はしっかりと作り込むべきです。さもないと返り討ちに遭うことでしょう。
　図1は、筆者が台湾にて開催されたAPEC国際会議の場で、日本代表として英語プレゼンしている様子です。

第8章 英語プレゼンテーション 虎の巻

図1　APEC国際会議での英語プレゼンの様子

　図1のような国際会議の場は、日本人エンジニアの国際コミュニケーション（国際貢献）の「晴れ舞台」です。ですが、筆者がその「晴れ舞台」に至るまでには長い苦難の道のりがありました。筆者が苦難の末に会得したノウハウを本章では披露します。

2　英語プレゼンの心構え

　本章の初めに、英語プレゼンの心構えを次に示します。

2 英語プレゼンの心構え

英語プレゼンの心構えを行うためのポイント

① プレゼンテーションの基本ルール
② ライティングとプレゼンテーションの違い
③ プレゼンテーションの準備
④ 精神を整える

の各項目の詳細を下記に示します。

① プレゼンテーションの基本ルール

英語や日本語といった言語によらず、プレゼンテーションには絶対に厳守すべき基本ルールが存在します。まさに「発表者の責務」と呼んで過言ではないルールです。プレゼンテーションの基本ルールを次に示します。

POINT　プレゼンテーションの基本ルール

- 発表の持ち時間は「時間厳守」すべし。
- 基準は「一番後ろの席」に設定すべし。
- 聴衆を事前に分析すべし。
- 己のプレゼンの目的を明確にすべし。
- 己のメッセージのポイント（論点）を明確にすべし。

各項目の詳細を下記に示します。

発表の持ち時間は「時間厳守」すべし

意外とルーズになりがちなルールですが、発表の持ち時間は「時間厳守」です。特に、自分以外に発表者が居る場合は配慮することが重要です。

第8章　英語プレゼンテーション　虎の巻

基準は「一番後ろの席」に設定すべし

聴衆の数が多いと大きな部屋となります。自分のプレゼン資料の文字サイズや発声の音量が小さすぎると、一番後ろの席までプレゼンが届かない恐れがあります。

聴衆を事前に分析すべし

聴衆を事前に分析することが重要です。可能であれば、人口統計学(Demographic)的属性（年齢、性別、職業など）あるいは興味関心のあるテーマを事前にヒアリングやアンケート調査できると良いです。

己のプレゼンの目的を明確にすべし

- ・誰かを説得したいのか？　知識を伝授したいのか？
- ・持論を主張したいのか？　製品の販促をしたいのか？

自明のことのように思えますが、上に示すとおり、己のプレゼンの目的を明確にすべきです。と言うのも、「何が言いたいのか？」と首をひねりたくなるような、目的（意図）が不明（曖昧）なプレゼンが世の中には多いからです。特にプレゼン下手の日本人の話は「言語明瞭、意味不明」なものが多いです。

己のメッセージのポイント（論点）を明確にすべし

己のメッセージのポイント（論点）を明確にすべきです。初めから興味津々で聞く人間以外は「話全部をマトモに聞いていない」と割り切りましょう。よほど印象に残った箇所しか記憶に残らないものです。であれば、「一番大事なポイントを一番印象に残す」ように工夫しましょう。

② ライティングとプレゼンテーションの違い

　ライティングとプレゼンテーションの差異も留意する必要があります。端的に言うと、情報の「質」「量」「伝達手段」が変わってきます。プレゼン資料は「文字数を少なく、図画を多く」が鉄則です。例えば、Steve Jobs氏のプレゼン資料が理想でしょう。**口頭は大量の情報を伝えるのは不向きですが、相手が内容を理解しやすいです。** 目の前に相手が居るため、分かりづらい点があったとしても、顔色をうかがって臨機応変に補足しやすいからです。文書はその逆となります。よって、口頭のプレゼンでは「情報過多」に陥らないように注意しましょう。

　ライティングは内容が全てですが、プレゼンテーションは内容よりむしろプレゼンの仕方に大きく影響されます。いわゆる「メラビアンの法則」です。非言語（Non-verbal）コミュニケーションがプレゼンの成否を左右します。裏を返せば、プレゼンの話し方が上手ければ、内容の拙さ（矛盾点）をごまかせる…という解釈もできます。「世渡り上手」的な処世術です。とは言え、内容が伴わないプレゼンほど空虚なものはないと早々に自覚することになるでしょう。

③ プレゼンテーションの準備

　料理と同じで「プレゼンは仕込みが重要」です。聴衆の事前分析、プレゼン資料の作り込み、会場の設営、プレゼンの練習など、プレゼンをブラッシュアップすべく、どこまで事前に仕込めるかがポイントとなります。本番当日は、入念に仕込んだ具材を調理するだけです。余計なことをする必要はありません。「戦う前に、勝敗は決している」のです。事前に準備すべきことは山ほどあるはずです。特に、準備し忘れそうなポイントを**表1**に挙げます。

第8章 英語プレゼンテーション 虎の巻

表1 プレゼンを行う前に準備すべきポイント

項目	説明
プレゼンの時間配分	● 時間不足で尻切れトンボにならないか？ ● 終わるのが早過ぎないか？ ● 話す内容のバランスはとれているか？
聴衆の質疑応答	● 質疑応答の時間は発表時間と別枠か？ ● 発表中に質問OKとするか？　発表後にまとめて質問受付か？
プレゼン資料	● 印刷部数は足りているか？ ● 乱丁落丁は無いか？ ● 印刷紙はカラーか白黒か？ ● 電子データも配布するか？ ● 配布不可の情報を印刷していないか？ ● 文字サイズは大丈夫か？（老眼対策）
PCと投影機（プロジェクター）	● プレゼン資料が会場前方に適切に写るか？（PCと投影機の相性トラブルは非常に多い） ● 動画が正常に再生されるか？（再生トラブルが多い。音声が上手くでないトラブルが多い）
己の体調	● トイレは済ませたか？（講師は逃げ場がない） ● 飲料水は手許に確保しているか？（長時間話し続けると喉がカラカラになって声が出なくなってくる）
主催者への根回し	● 挨拶をちゃんとしたか？（偉い人だけでなく、スタッフも）
他の講演者への配慮	● 他の講演者の発表内容と何か競合しないか？（話がモロかぶりしてないか？　相手の話を攻撃［非難］する内容でないか？）
声の音量	● マイクの具合は確認したか？（ハウリングが凄まじいことがある。音量を適切なレベルに調整しておく） ● マイクか？　地声か？（マイク無しの会場も多い）
会場（聴衆）の空気感	● 冗談が通じそうな空気か？（年長者には頭が固い"ご老公"も居る） ● 聴衆の知識レベルはどうか？（「そんな事知っとる、馬鹿にするな！」or「さっぱり意味不明」）

④ 精神を整える

　今まで数多くのプレゼンの修羅場をくぐり抜けた筆者の経験から言っても、プレゼンで最重要なのは「精神を整える」ことです。本番でのプレゼンの進行をイメージトレーニングすると良いでしょう。特に、時間配分を意識すべきです。進行に留意しないと、時間切れに遭う（強制的に打ち切り）となる恐れがあります。質疑応答もあるでしょうから、シャドウボクシングの発想が必要です。ただし、想定問答を考えても、実際に尋ねられるのは「想定外」の質問ばかりです。プレゼン全般に当てはまる普遍的な真理として「自分の魂全部をプレゼンにぶち込む」という気迫が全てです。どんなに輝かしい経歴がある人間であっても、どんなに美辞麗句を並び立てても、どんなに弁舌軽やかに話をしても、想いが込もっていないプレゼンは素人目に一目瞭然でしょう。英語だろうが日本語だろうが、話す言葉に熱を感じなければ人間は感じないし、動かない———「感動」しないです。

　プレゼンは自分がこの社会に遺す言葉、まさに「遺言」です。「このプレゼンが己の人生で最後の言葉になっても一片の悔い無し」という位の勢いと覚悟があれば、どんなプレゼンでも大成功させることができます。

3　英語プレゼン資料の作成

　英語プレゼン資料の作成に関して考えるべきポイントは次の通りです。

第8章 英語プレゼンテーション 虎の巻

> **KEYWORD** 英語プレゼン資料作成のポイント
> ① プレゼンテーション構成の組み立て
> ② スライドの作成
> ③ 台詞の作成
> ④ プレゼンテーション特有の英語表現

各項目の詳細を下記に示します。

① プレゼンテーション構成の組み立て

プレゼンの構成には「型」があります。代表的な構成の「型」を次に示します。

> **POINT** プレゼン構成の「型」の代表例
> - SDS（Summary Detail Summary）法
> - PREP（Point Reason Example Point）法
> - DESC（Describe Express Suggest Consequence）法

各項目の詳細を下記に示します。

SDS（Summary Detail Summary）法

「SDS（Summary Detail Summary）法」は、時間が短く、結論を急ぎたい場合に使います。

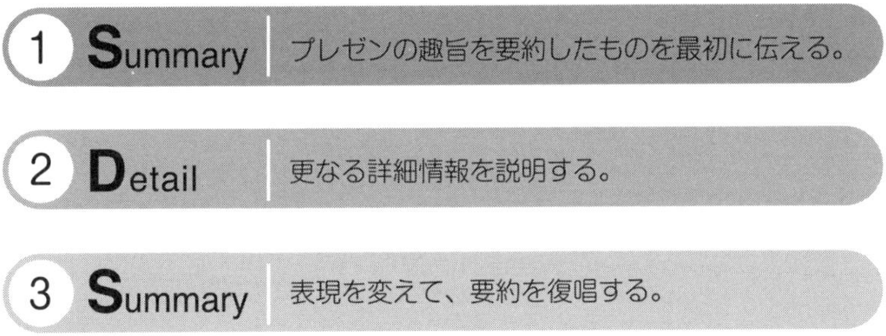

3 英語プレゼン資料の作成

1	**S**ummary	プレゼンの趣旨を要約したものを最初に伝える。
2	**D**etail	更なる詳細情報を説明する。
3	**S**ummary	表現を変えて、要約を復唱する。

図2 SDS法

PREP（Point Reason Example Point）法

「PREP（Point Reason Example Point）法」は、時間に余裕があり、ストーリーをじっくり話す場合に使います。

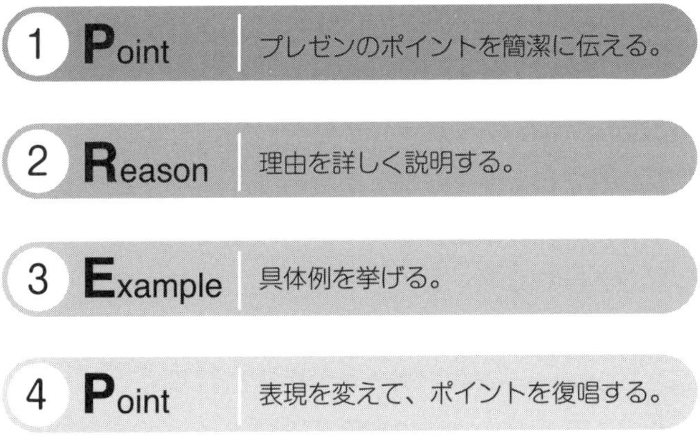

1	**P**oint	プレゼンのポイントを簡潔に伝える。
2	**R**eason	理由を詳しく説明する。
3	**E**xample	具体例を挙げる。
4	**P**oint	表現を変えて、ポイントを復唱する。

図3 PREP法

DESC（Describe Express Suggest Consequence）法

「DESC（Describe Express Suggest Consequence）法」は、相手の意見に反論するなど、説得の場合に使います。最初に結論（Consequence）を言わない理由は、最初に結論を言うと感情的な反感を

招くからです。

1	**D**escribe	客観的に状況を描写する。
2	**E**xpress	主観的な意見・問題点を表現する。
3	**S**uggest	解決方法を提案する。
4	**C**onsequence	提案した解決方法によってもたらされる結果を述べる。

図4　DESC法

② スライドの作成

　Microsoft 社の PowerPoint や Apple 社の KeyNote 等を用いて、プレゼン資料としてのスライドを作成していきます。小手先のテクニックより重要なのは「プレゼンの主役はスライドではなく、講演者として、壇上で話している貴方自身である」という事実です。要は、貴方自身の話さえしっかりしていれば、スライドの内容に多少のアラがあっても、誰も気づきはしません。そうは言っても、スライドの作成に役立つノウハウがあるので紹介します。スライド作成時に留意すべきポイントは次の通りです。

3 英語プレゼン資料の作成

> **POINT** スライド作成時に留意すべきポイント
> - 1スライド・1メッセージ
> - 文字は少なめ、図画は多め（視覚化）
> - 目次とアイキャッチ
> - テンプレートを決めておく（デザインの一貫性を保つ）
> - スライド内の流れは、左上から右下へ
> - 著作権の配慮（引用元の明示）

③ 台詞の作成

　スライド資料に文字情報を大量に入れ込む事はできません。そうなると、スライド資料の内容を講演者が口頭で補足する必要が出てきます。というより、スライド資料のみで語り尽くせるのであれば、講演者がワザワザ発表する必然性はないということになります。筆者の場合は、スライド資料を作り込んでおいて、本番ではあえてアドリブで話すようにしてします。台詞を厳密に決定していても、本番で途中ど忘れして、頭が真っ白の恐れがあるからです。PowerPointなどのプレゼンソフトでは、聴衆に見えないように台詞をメモできる機能があります。しかし、筆者の場合、本番で話しているときはとにかく無我夢中であり、そんなメモに目をやる余裕がありません。筆者のオススメは、プレゼン資料を紙に印刷して、印刷紙上のスライド一つひとつに関して、何を話すかという台詞の大まかな"方向性"を殴り書きすることです。「xxxxは●●●●であり△△△△です。」というようなキッチリした台詞では、むしろ、本番でドモってしまう可能性があります。

④ プレゼンテーション特有の英語表現

　「プレゼン英語」の書籍を読めば、よく使う英語表現が山ほど書いてあります。そういった有用な英語表現を「自習し、模倣し、実践する」が鉄則です。英語プレゼンの際に、筆者がよく使う（使い勝手の良い）表現を下記に幾つか紹介します。

プレゼンの出だし

　プレゼンの出だしに使える英文例を次に示します。

> ・Hello, nice to meet you, ladies and gentlemen! I am（貴方の氏名）, also known as（貴方のキャッチコピー）, from Japan.
> ・I am really glad to meet you, and this time, I would like to introduce XXXXX（本日のお題）to you.
> ・In this presentation, I would like to talk about（本日のお題）.

　あくまでも出だしなので、そんなに難しいことを言う必要はありません。自分のフルネームと話のテーマくらいを述べれば及第点でしょう。

自己紹介

　自己紹介の英文例を次に示します。

> ・Before starting the main topic, please let me introduce myself.
> ・My occupation is（貴方の専門［職業］）.
> ・I am working for XXXX company.（貴方の勤務先）

　自己紹介を詳細に行うか、あるいは、簡潔に済ませるかはプレゼンの目的次第です。通例は、プレゼンの内容が自分のキャリアに根付いている等

の特別な事情がない限りは、簡潔に済ませるのが無難でしょう。さもないと、「俺様語り」が好きなナルシストのように思われてしまうかもしれません。

勤務先を示す英語が意外と出てきがたいのですが、"work for（勤務先）"と言います。直訳すると「（勤務先）のために働く」です。うっかり、"My company is（勤務先）."と話すと、勤務先の会社の代表取締役（社長）や大株主に聞こえてしまうこともあります。

トピックの概要を伝える

「プレゼンの出だし」「自己紹介」に続いて、聴衆に伝えるべきことは「トピック」の概要です。要するに、本日の話の全体像をざっくりと掴んで貰います。トピックの概要を伝えるための英文例を次に示します。

> ・There are mainly（論点の数）points about（プレゼンのお題）.
>   At first, xxxxxx. Secondly, yyyyy. Finally, zzzzz.

コツとしては、自分が話すネタを「キーワード」単位で予め区分けしておくことです。文で説明しても良いのですが、「キーワード」（単語）の方が聴衆の理解が進みやすく、かつ、記憶に留まりやすいです。筆者のお勧めとしては、上に示すとおり、一回のプレゼンで話すトピックの数は「3つ」にするのが最良です。「3つ」がベストである理由の詳細は、本章の章末コラムを参照してください。

具体例を挙げる

プレゼンにおいて、己の主張を一方的にまくし立てるだけでは説得力がありませんし、聴衆が「自分事」として話のイメージを膨らませることができません。「主張」の裏付けとしては「具体例」（主張を裏付ける具体的（客観的）な事実）が必須なのです。具体例を挙げるための英文例を次に

示します。

> ・For example, xxxxxx.
> ・I would like to tell you some examples about xxxxx.
> ・Let's take (身近な話) for example.
> ・Please imagine that xxxxx.

ここにあるように、"example" という英単語は使い勝手が良いですが、"imagine that ～"（～であることを想像する）も効果的な言い回しです。話の内容を聴衆自身に想像（イメージ）させる "間" を設けることで、自分の話を印象づけるというテクニックです。

話を要約する

プレゼンによっては、長時間（1時間以上）に及ぶ場合もあり得ます。そうなると、最初から最後までの全てを "ぶっ通し" で、聴衆が話の内容に集中し続けるのは困難です。よって、自分の話を要約するタイミングを適宜設けましょう。話の要約の出だしとして使える英文例を次に示します。

> ・In brief (Briefly speaking), xxxxxx.（端的に言うと、xxxx）
> ・In summary, xxxxx.（要するに、xxxxx）
> ・In conclusion, xxxxx.（結論として、xxxxx）
> ・In other words, xxxxx.（言い換えると、xxxxx）

ここに示す表現の後に、それまで自分が話してきた内容を一文で簡潔にまとめ上げるようにしましょう。要約のスキルはハイレベルなのですが、「第2章 「英語」の前にまずは「日本語」で」にも書いた「アブストラクト・要旨」を参考にしてみてください。

メッセージを強調する

　文章以上にプレゼンでは「メリハリ」が重要です。読み手が書き文字を自分のペースで読む（読み返す）ことができる文章とは違い、リアルタイムの音声で聴衆に伝える必要があるプレゼンは、聴衆が話をウッカリと聞き逃す可能性がありますし、どうしても注意力が散漫になる（居眠りしたくなる）タイミングも出てくることでしょう。よって、発表者としては「このメッセージさえ伝われば、他の話は全て忘れてもらっても構わない」という位に最重要のメッセージを強調する必要があります。己のメッセージを強調するための英文例を次に示します。

・Please note that xxxxxx.
・Most important point is that xxxxx.
・You can forget anything but xxxx.
・I can never explain too much about xxxx.

　"anything but ～"は「～以外のもの全て」を意味しており、すなわち「～では決してない」ことも意味します。この"but"は「以外」を示す前置詞です。"You can forget anything but xxxx."は「xxxx以外ならば何を忘れてくれても良い」が直訳であり、つまり、「**xxxxは絶対に忘れないでほしい**」と訴えかけていることになります。あるいは、やや回りくどい表現になりますが、"I can never explain too much about xxxx."は「xxxxに関しては説明し過ぎることが決してできない」が直訳であり、つまり、「**xxxxは説明しきれない位に最重要である**」と暗示しています。

質問を受け付ける

　プレゼンは、発表者1人で一方的に話すだけではなく、原則的には、聴衆との「双方向（interactive）」であるべきです。発表者から聴衆への働きかけが「プレゼン」だとすれば、聴衆から発表者への働きかけは「質問」

となるのが一般的でしょう。よって、聴衆からの「質問」を受け付ける義務（責任）が発表者にあります。質問を受け付ける旨を聴衆に伝えるための英文例を次に示します。

・(Do you have) Any questions so far?（今のところ、質問はありますか？）
・Does it make sense?（先ほどの説明は大丈夫でしたでしょうか？）
・If you have additional questions or comments, please feel free to e-mail to me later.（質疑応答の時間を設けられない場合に、「後からメールで質問に答えますよ」というニュアンス）

　ここに示す表現で、特に筆者がよく使う表現は"Any questions so far?"です。シンプルな短文なので、非常に使い勝手が良いです。「聴衆が話についてきているか」という理解度を確認するためにも、話の途中の要所で、こういう確認を挟むと良いでしょう。

プレゼンの〆
　プレゼンで話したいことを一通り話し終えたら、「プレゼンの〆」を行います。ある意味、最後の「決め台詞」的なことを話す訳ですが、筆者自身はそんなに凝った台詞を吐いている訳ではありません。筆者の場合は、概ね次に示す程度の表現で済ませています。

・Thank you very much for listening to my presentation.
・I hope this presentation will be helpful for your work. Good-bye, and see you next time!

　日本人のプレゼンは、最後の最後で話がひたすらダラダラと続いて、どこで終わりを迎えるのか"グダグダ"な場合が多いような気がします。

「国際基準」では、そのような"ウザイ"発表者は総スカンを食らいます。最後の最後は「決め台詞」一発でビシッと決めましょう。

4　英語プレゼンのデリバリー

英語プレゼンのデリバリーに関して考えるべきポイントは次の通りです。

> **KEYWORD** 英語プレゼンのデリバリーに関するポイント
>
> ① プレゼンの進行
> ② 発話の仕方
> ③ ユーモアが大切
> ④ 非言語コミュニケーション

各項目の詳細を下記に示します。

① プレゼンの進行

プレゼンを実際に進行していく際に留意すべき点は次の通りです。

> **POINT** プレゼン進行時の留意点
>
> - 目次を最初に説明する。
> - プレゼンテーション構成を念頭に入れる。
> - 話の合間で聴衆に一時的に主導権を渡す。
> - 残り時間を常に気にする。
> - 最初の挨拶（自己紹介）と〆の決め台詞が大事である。

第8章　英語プレゼンテーション　虎の巻

各項目の詳細を下記に示します。

目次を最初に説明する

　プレゼンの本論を話し始める前に、最初に、自分の話の内容の全体像を聴衆に示すようにしましょう。日本人エンジニアの英語プレゼンを観察していると、この「目次」の説明が漏れていることが多いです。海外のプレゼンでは、「目次」を最初に話すというのは常識です。面倒くさくても、「目次」の説明用の英語原稿も事前に準備しておきましょう。

プレゼンテーション構成を念頭に入れる

　先述の「英語プレゼン資料の作成」の節において「プレゼンテーション構成の組み立て」について解説しました。基本的には、自分が作成したプレゼン資料の構成に則って話を進めていけばよい訳なのですが、話をスムーズに進めるためにも、プレゼンテーション構成は念頭に入れておきましょう。特に、時間のペース配分や説明の強弱をつける際の判断基準として、プレゼンテーション構成は重要です。

話の合間で聴衆に一時的に主導権を渡す

　話の合間で、聴衆に一時的に主導権を渡すようにしましょう。講演者からの一方通行ではなくinteractiveになるように心がけるということです。聴衆に一時的に主導権を渡すための方法は次の通りです。

- 小休止を入れる
- 質疑応答を入れる
- Thinking time を入れる
- Discussion time を入れる

残り時間を常に気にする

　残り時間を常に気にしましょう。プレゼン資料を話しきるのに必要な時間は、平均的な発話スピードを基準にすると「スライド1枚＝1分」が目安です。「スライド何枚分話せば、講演時間が終わりか？」を意識すべきです。残り時間が切迫してきたら「どうしても話したい箇所」と「話すのを止める箇所」を選別しましょう。「はっしょった箇所」は、後の懇親会での呑み会話や名刺交換後の挨拶（お礼）メールなどでフォローするようにします。

　逆に、時間が大きく余る場合もあり得ます。その場合は、アドリブで追加のネタでも話すようにします。あるいは、聴衆との質疑応答や議論を多めにします。

　必要最低限を説明しきった上で、早めに終わる分にはむしろ歓迎される場合すらあります。しかし、「時間切れ」は主催者から嫌われる場合が多いです。特に注意すべきなのは、自分1人の単独プレゼンではなくて、他にも発表者が居る場合です。自分のプレゼンの番で時間を過大に消費してしまい、他の発表者のプレゼン時間を圧迫してしまうと、下手をすれば、恨みすら買いかねない結果となってしまいます。

最初の挨拶（自己紹介）と〆の決め台詞が大事である

　身も蓋もない言い方ですが、プレゼンというものは、本論よりも、「最初の挨拶（自己紹介）」と「〆の決め台詞」がほぼ全てです。まさに「終わりよければ全て良し」です。むしろ、「聴衆は話の最初と最後しか覚えていない」と言っても過言ではありません。特に「〆の決め台詞」は聴衆の印象（記憶）に末永く残りやすいので、本論以上に入念に作り込むように心がけましょう。

② 発話の仕方

　生憎、筆者は滑舌が悪い上に吃音もあり、発話がクリアとは言いがたい

です。その上、声質（周波数）も聞き取りづらいです（が、その割に、声がよく通りヒソヒソ話がしにくいです）。発言を聞き返されることも多いです。そんな筆者だからこそ留意しているポイントを次に示します。英語の発音は「体（舌）で覚える」ものです。更に言えば、英語にはスペリングと発音が相違するという難点があることから、個々の単語に対応する発音を丸暗記する必要があります。

POINT　英語の発話の仕方のポイント

- 呼吸法
- 沈黙（間）
- 発音記号（Phonetic Alphabet）
- アクセント（accent）
- 抑揚（intonation）、リズム（rhythm）
- 音声変化ルール
- フォニックス（Phonics）

各項目の詳細を下記に示します。

呼吸法

水泳と一緒で、息継ぎのタイミングが大事です。呼吸が浅いと心拍数が上がりリズムが乱れがちなので、深呼吸（吐く息の方を意識する）をして精神を落ち着けるようにしましょう。

沈黙（間）

大事なことを言う直前や聴衆に考えさせたいときに、敢えて沈黙して「間」をおくと良いでしょう。「タメを作る」とも言います。

発音記号

いかにも日本人くさい「カタカナ発音」は早急に捨て去りましょう。例えば、"she" も "sea" もカタカナでは「シー」と書きますが、"she"（息を吐く）と "sea"（息を吐かない）では発音が違います。次はその差異を示す有名な早口言葉です。

> "She sells sea shells by the sea shore."
> （英語の有名な早口言葉 [tongue twister]）

これ以外にも、"What" や "Why" などの Wh 音は日本人が苦手な発音ですが、これも「吐息あり」で発音します。強いて言うならば、「ホワット」というよりは「ゥホワット」というように「小さいゥ」が初めにきているイメージです（もっとも、これも「カタカナ」表記なので厳密な発音ではありませんが…）。

この他に英語の有名な早口言葉（tongue twister）の例を次に示します。ネイティブの英語話者もこのような早口言葉を使って、英語の発音を練習することがあるようです。日本人でもアナウンサーが早口言葉を使って発話を練習するのに近いです。

> **英語の有名な早口言葉の例**
> - The rain in Spain stays mainly in the plain.
>   ミュージカル映画「マイ・フェア・レディ（1964）」に登場する。
> - How much wood could a woodchuck chuck if a woodchuck could chuck wood?
>   "woodchuck" は猿の一種。chuck は「〜を投げる」という他動詞。
> - Peter Piper picked a peck of pickled peppers. So how many pickled peppers did Peter Piper pick?
>   英語圏で有名な早口言葉。発音が難しい。

- Supercalifragilisticexpialidocious（スーパーカリフラ　ジリスティックエクスピアリドーシャス）ミュージカル映画「メリー・ポピンズ（1964）」に登場する。

　英語の発音に関しては「子音」の発音も要注意です。日本人は、不要な母音を付け足して、英語の子音を発音してしまう傾向にあります。例えば、一般的な日本人は"catchphrase"を「キャッチフレーズ（kya-chi-fu-re-zu）」と発音しがちです。しかし、chは「チ（chi）」でないし、"ph"は「フ（fu）」でないし、seは「ズ（zu）」ではないです。日本語の発音は「子音(k、s、t、n、h、m、y、r、w)＋母音(aiueo)」という構成です。つまり、子音単独を発音することがありません。しかし、英語では子音単独、及び、複合子音（子音の組み合わせ）まで存在します。

　上述したような英語の発音をマスターするために、発音記号を習得しましょう。基本的に、図5に示すとおり、発音記号はアルファベット文字と同じ形をしており、ローマ字読みでOKである場合が多いです。しかし、特殊な記号は特殊な発音をする必要があります。「r（巻き舌）」「:（長音、▼▲）」の発音記号にも留意しましょう。

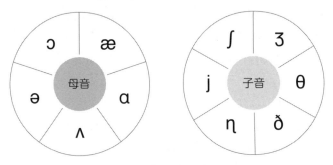

図5　発音記号の一覧

4 英語プレゼンのデリバリー

母音の発音記号の一覧を**表2**に示します。

表2 母音の発音記号

発音記号	単語例	発音の仕方
æ	apple、map	アとエの中間音
ɑ	hot、clock	アとオの中間音
ʌ	cup、sun	アとウの中間音
ə	potato、a［不定冠詞］	エの口で力を抜いたア
ɔ	law、talk	口を大きく開いたオ

注目すべきは、日本語の母音は「アイウエオ」ですが、表2に示す英語の母音は日本語の母音とは異なる発音の形態ととるという事実に注意しましょう。日本人は"apple"をついつい「アップル」というカタカナ発音しがちですが、厳密には、英語の"apple"は「アップル」ではありません。

子音の発音記号の一覧を**表3**に示します。

表3 子音の発音記号

発音記号	単語例	発音の仕方
ʃ	she、shell	シャシ シュシェショのはじまりの音
ʒ	casual、illusion	ジャジ ジュジェジョのはじまりの音
θ	thank、seventh	濁らないTHの音
ð	this、that	濁ったTHの音
ŋ	king、ink	キングコングのン
j	yet	短いiの発音

第8章　英語プレゼンテーション　虎の巻

　表3に示す英語の子音に関しても、日本語の子音には出てこないような発音があります。特に「ン」ひとつとっても、実は、「king（キング）」の「ン」と「cancel（キャンセル）」の「ン」は発音が微妙に違っています。日本人は英語の発音を軽視しがちですが、日本人エンジニアが国際的なエンジニアリングの仕事で「技術英語」を活用しようとする際にボトルネックになるのは、実は、英語の発音の問題なのです。英語の発音が正確に出来ない日本人は、いくら情報発信しようとしても相手に全く通じないのです。

アクセント

　単語のアクセントは暗記し、発話により体得します。アクセントがダメだと通じない場合が多いです。例えば、筆者の恥ずかしい失敗談を披露すると、ニューヨークのマンハッタン島に行ったときに、タクシーの運転手に「Fifth street（五番街）」に行きたいと何回言っても全く通じませんでした。初めは意地悪されているのかと頭にきましたが、後でよくよく考えると「Fifth」のアクセントは「**フィ**フス（前にアクセント）」であり、筆者はうっかりと「フィ**フス**（後にアクセント）」と発音してしまったから通じないのは当たり前でした。他にも、"Seventy"と"Seventeen"のように、「アクセントの前後」を誤ると重大な誤解につながる落とし穴が数多くあります。「技術英語」において数字の発音（アクセント含む）は最も基本かつ重要なのですが、数多くの日本人エンジニアが落とし穴にはまり込んでいます。

抑揚、リズム

　発話はリズミカルにメリハリをつけましょう。上達のコツは、自分の最速の発話スピードで英文を音読する訓練をすることです。筆者のお勧めは洋楽カラオケが良いと思います。筆者はレッドホットチリペッパーズ（通称「レッチリ」）を良く歌います。

音声変化ルール

　日本人の Listening 苦手意識を増長している原因が、英語には独特な「音声変化ルール」が存在しており、文脈によって単語の発音が変化するケースが多いからです。主立った「音声変化ルール」は表 4 の通りです。

表 4 「音声変化ルール」の一覧[1]

ルール名	説明	具体例
短縮 (contraction)	英文法で言うところの「短縮形」である。	● will not ⇒ won't ● can not ⇒ can't
連結 (linking)	単語の最後の子音と、次の単語の最初の母音が連結する。	"take on" が「テイクオン」でなく「テイコン」と音が繋がる
脱落 (deletion)	子音が脱落する。	● dress shirt ● top の p の音
同化 (assimilation)	異なる単語の発音同士が組み合わせって、新たな発音となる。	● want to ⇒ wanna ● going to ⇒ gonna ● got to ⇒ gotta
弱形 (reduction)	冠詞や前置詞は短く（弱く）発音される。	● on the 7th floor ● in a room
「ら行」化	t や d が、ら行の音に聞こえる。	● get it up ● fade away

フォニックス

　「フォニックス（Phonics）」とは綴り字と発音との間の規則性を明示し、正しい読み方の学習を容易にさせるための指導法です。英語圏の子供や外国人に英語の読み方を教える方法として用いられています。この背景として、英語は、単語の（外観上の）綴りが実際の発音と一致していない場合が多く、英語学習者の障害となっていることがあります。例えば、「tongue（舌）」はローマ字読みだと「トングエ」と発音したくなりますが、（敢えてカタカナで書くと）「タン」です。フォニックスに用いる図表の例を図 6 に示します。

第8章 英語プレゼンテーション 虎の巻

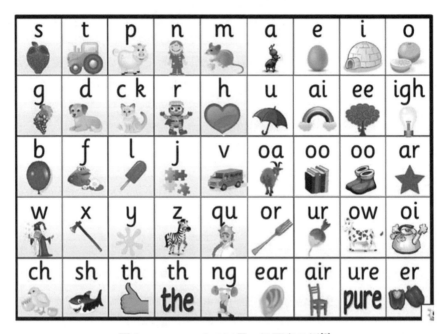

図6　フォニックスに用いる図表の例[2]
出典：http://www.johncliffordschool.com/phonics-parents-evening-information/

③ ユーモアが大切

　PowerPoint などのプレゼンソフトでは、聴衆に見えないように台詞をメモできる機能があります。しかし、筆者の場合、本番で話しているときはとにかく無我夢中であり、そんなメモに目をやる余裕がありません。強いて言うならば、「笑いをとりにいく」台詞は事前に考えていきます。American Joke と言いますが、外国人相手にプレゼンするときは、この笑いを起こすスキルは必須です。ちょっとした自慢なのですが、筆者は実用英検1級の面接に3回落ちて、4回目で合格できました（100点満点中60点以上が合格。52点、56点、49点と連敗し、最後は74点で合格しました）。American Joke の修行をした結果、合格した時の面接においては、

面接官の笑いをとるレベルにまで己のプレゼン力が成長していました。恐らく、実用英検のような資格試験に限らず、海外ではユーモアのセンスが必須なのでしょう。せっかく時間と労力を割いて自分の話を聴きに来てくれた聴衆に対して楽しんで頂こうというエンターテイナーの精神が大事だと考えます。日本人流に言えば、それが「おもてなし」の心でしょう。

④ 非言語コミュニケーション

プレゼンの場では、多人数の聴衆を前にして、講演者が独りで語る必要があります。「メラビアンの法則」にあるとおり、内容（言語）ではなく、話し方（非言語）が重要です。確かに、Steve Jobs 氏や孫正義氏などのプレゼンの名手と呼ばれている人は、話している内容（What）自体も素晴らしいのですが、内容をどう話す（見せる、聴かせる）か（How）に力点を置いています。色々と気をつけるポイントがありますが、主たるポイントは次の通りです。

POINT　非言語コミュニケーションに関して留意すべきポイント

- 視覚情報（聴衆が受けとる情報の 55％）
  身だしなみ（髪型、服装、持ち物など）、ジェスチャー、表情、アイコンタクト、姿勢、態度、身体の向き、距離感、場の雰囲気
- 聴覚情報（聴衆が受けとる情報の 38％）
  声のトーン、強弱、速さ、メリハリ、間（沈黙、溜め）

5 英語プレゼンの振り返り

　英語プレゼンが無事に完了したら、PDCA サイクルに基づき「振り返り」することが大事です。聴衆からアンケートを行えるのであれば、そのフィードバックを次回のプレゼンに活かしましょう。あるいは、質疑応答の際に、自分が説明した内容を聞き返された場合は、自分の説明が分かりづらかった可能性があります。プレゼン資料のブラッシュアップ等を検討すべきです。

　自分のプレゼンの成否は、プレゼン後の名刺交換や懇親会で分かります。プレゼンが成功した講演者には、名刺交換の人だかりができます。あるいは、プレゼン後の懇親会での呑みトークでも食いつきが良いです。結局、成否は己自身が一番よく分かっているでしょう。大成功のレベルになると、思いがけず、その場で、次なる仕事の依頼が舞い込んでくることもあり、自分でもビックリしてしまいます。**しくじった場合は、辛辣なコメントほど大事に扱いましょう。己に苦言を呈する人は金を払ってでも雇いたい位です。**

5　英語プレゼンの振り返り

3の法則（Rule of Three）

「神道」には「三種の神器」（**図**）があります。筆者は「何故、"三種"なのか？」という点に興味関心があります。"3"はマジックナンバーだと言う説があります。つまり、「4だと多すぎて覚えづらく、2だと少なすぎて物足りない」となり、「3は丁度良い数字」ということです。プレゼンの名手であるSteve Jobs氏

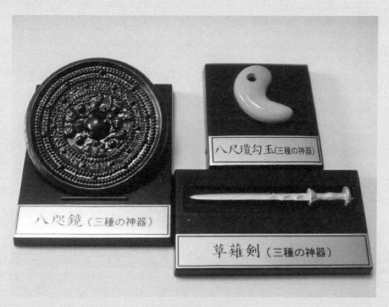

図　三種の神器

も、この「Rule of Three（3の法則）」を活用していました[3]。そういえば、お笑い芸人の「世界のナベアツ」氏も「3が付く数字でアホになる」のネタでブレイクしましたね。

　この「3の法則」を筆者も積極的に取り入れるようにしています。ちなみに、手前味噌ではありますが、本書は筆者にとって第「3」冊目の書籍（全て単著）となります。第1冊目の「UX（ユーザー・エクスペリエンス）虎の巻」（日刊工業新聞社）と、第2冊目の「中小企業の「システム外注」はじめに読む本」（すばる舎）が本書と合わせて、筆者の「三種の神器」となっております。何卒、お買い上げよろしくお願い申し上げます。

第9章 お薦めの英語の勉強法

本章では、ごくごく一般的な純日本人である筆者が英語資格の最高峰と言える実用英検1級や通訳案内士（英語）レベルの英語力を習得できた勉強法を伝授します。筆者は帰国子女でなく、海外留学経験もなく、外資系企業の勤務経験もありません。つまり、筆者は英語学習に有利な人生を過ごしてきていませんし、そういった意味では、本書の読者（日本人のエンジニア）と同じ境遇と言って良いでしょう。そのような"英語弱者"の筆者であっても、本章で紹介する勉強法は実際に効果を上げた手法となっており、実際に、海外向けにEnglishを駆使して活動の幅を広げています。更に、筆者の勉強法だけではなく、英語学習に大いに役立つツールについても紹介します。

1 英語の勉強法

筆者は帰国子女ではありません。留学経験もないです。「駅前留学」すらしたことがないです。筆者と英語との出会いは、小学5年生から英語の個人塾に通い始めたことに遡ります。本当は、幼少教育で英語の発音に慣れていれば良かったとは思います。ですが、過ぎた時間は仕方ありません。日本の大学入試制度では、文系・理系、国公立・私学を問わず、受験科目としての「英語」からは逃れられない宿命です。当然、筆者も例外ではな

第9章 お薦めの英語の勉強法

く、第一志望の大学の入試の得点源とすべく、受験英語の勉強に没頭しました。

　日本人は義務教育（中学校）だけに限っても、最低3年間は英語を勉強してきたはずです。一般的な日本人は、中学校と高校と大学を合算すると10年間は英語を勉強してきたはずなのです。ここで筆者の持論を挙げますが、「何らかの道のプロを目指すには、10年間の経験を要する」と考えています。つまり、計算上は「一般的な日本人全員が英語のプロになれている」はずなのですが…

　筆者の場合は、大学卒業時点で、TOEIC730（Bランク）、実用英検準1級、国連英検B級くらいの英語力でした。某メーカー系列の大手IT企業に就職した後は、「英語が得意」と社内でアピールした結果、海外向けの仕事に多く恵まれることとなりました。海外向けの仕事を遂行するには、英語力が必須の前提です。英語無しでは、一切、仕事になりません。貧乏サラリーマンであった筆者は、OJT（On-the-Job Training）と独学により、英語力を向上するしかありませんでした。

　今まで述べた筆者の英語遍歴を振り返ると、受験英語から仕事英語といった、自分が生き残るために必要な英語（Survival English）でありました。自分の人生の前提条件として、英語が自然と組み込まれていたのです。そういった意味では、小学校5年生以降、生粋の日本人（関西人）の自分なりにではありますが、英語密度の濃い半生を過ごしてきました。それに対して「ほとんどの日本人の"10年間の英語"は密度が薄すぎる」のではないかと筆者は考えています。

　では、"10年間の英語"の密度が薄くなってしまう理由は、一体、何故なのでしょうか。本章は「英語の勉強法」という題目ですが、その前に話したい真実があります。この真実をしっかりと理解し、自分なりに直面しようとしないと、小手先の勉強法だけに焦点を当てても全くの無駄です。むしろ、有効な勉強法は、この真実を鑑みた上で工夫する話となります。

日本人が英語をできない理由

筆者の経験上「日本人が英語をできない理由」は次のことに集約されます。

> **POINT** 筆者が分析する「日本人が英語をできない理由」
> - 英語を勉強したい**動機**が弱すぎる
> - 英語を勉強する**目的**が曖昧すぎる
> - 英語が絡む**時間の絶対量**が少なすぎる
> - 英語は"**勉強**"するものだと思い込んでいる
> - 島国根性の**日本人気質**が邪魔をする

各項目の詳細を下記に示します。

英語を勉強したい動機が弱すぎる

そもそも、貴方は「英語力を向上したい」と心底思っているでしょうか。何かアクションを起こすには、動機（motivation）が必須の前提となるはずです。幸か不幸か、日本は英語が無くても不自由しない国です。内需が十分に大きく、外国人相手にビジネスする必然性が低いです。日本語で高等教育を修了できて、和訳書も流通しています。ましてや、外国の植民地でもありません。そんな恵まれ過ぎた国で生まれ育った日本人では、英語を習得する動機が自然には発生しないです。

英語を勉強する目的が曖昧すぎる

「何の目的で英語を勉強するのか？」という目的を明確にするのも重要です。英語と一言で括っても、様々なジャンルがあります。そのジャンルに応じて勉強すべき英語の質が異なってきます。「第1章 「技術英語」の概要」でも詳述しましたが、自分の目的に沿った形で適切なジャンルの英

第9章 お薦めの英語の勉強法

語を勉強しなければ効率が悪すぎます。しかし、そもそも、この目的が曖昧で、何を学んだら良いか分からなくなっているのです。英語学習の"目的"は"動機"にも直結します。例えば、受験英語の場合は「第1志望の大学に合格する」という分かりやすい目的があり、「英語試験の点数をアップしたい」という動機が自然に生じる訳です。

英語が絡む時間の絶対量が少なすぎる

日本は多民族国家でないため、自国内で、外国人と英語で意思疎通する機会が少ないです。日本語のみでコミュニケーションを完結できるので、英語をわざわざ使う必然性が低いです。受験英語にしたって、英語ばかり勉強する訳にもいかず、他の科目も勉強するので、勉強時間は限られています。「英語のみしか許容されないような状況」を意識的に自ら設けない限りは、英語を積極的に使いづらいです。一般的に、英語習得には2000時間以上を要すると言われています。貴方の学習時間は2000時間に到達しているでしょうか。

英語は"勉強"するものだと思い込んでいる

筆者の考えでは、日本人の最大の誤解は「英語を勉強しようとする」ことです。「勉強」とは文字通り「勉めて強いる」と書き、強制のニュアンスがあります。英語は単なるコミュニケーションのための道具に過ぎないはずです。しかし、日本人は生真面目すぎる（又は、受験科目としての英語のイメージが強い）せいか、英語を学問のように絶対視する傾向にあります。よほど意志力の強い日本人でない限りは、"Study English"ではなく"Enjoy English"という心構えが良いでしょう。

島国根性の日本人気質が邪魔をする

日本人の島国根性は、日本人の精神を深く支配しています。

島国根性の中で最悪なのは「空気読め！」という態度です。日本人が言

うところの「空気（context）」は万国共通ではありません。国際標準（global standard）に従うのであれば、自分の意思は明確に言語化し、互いの差異を尊重し合うべきです。そうしないと「日本人の精神は鎖国状態のまま」です。

筆者が推奨する英語の勉強法

　上述した「日本人が英語をできない理由」を考えた上で、筆者が推奨する勉強法を紹介します。勉強法というとテクニックを想像してしまうと思いますが、どちらかと言えば、英語学習に関するプロセスや環境作りが重要であると筆者は考えています。換言すれば、英語を勉強することを「習慣」にする必要があります。良い習慣が身につけば、英語の勉強の成果が継続的に蓄積するのです。筆者が好きな諺で言うと、英語学習の秘訣は「継続は力なり」「万里の道も一歩から」です。英語圏の諺でも「Many a little makes a mickle.（塵も積もれば山となる）」とあることから、万国共通の普遍的な真理なのです。

　筆者の経験上、お薦めする勉強法を次のとおりです。

> **POINT　　筆者がお勧めする勉強法**
> - 英語の勉強会（コミュニティ）を主催する。
> - 外国人と知り合い、英語で交流する。
> - 興味関心がある趣味や娯楽を英語で楽しむ。
> - 英語の資格試験に挑戦する。
> - 英語を活用できる機会を意識的に増やす。

各項目の詳細を以下に示します。

第9章　お薦めの英語の勉強法

英語の勉強会（コミュニティ）を主催する

　最近は、Facebook 等の SNS の発展もあり、勉強会イベントを開催しやすくなっています。自分の知人や仕事仲間などを集めて、定期開催の勉強会を主催してみるのはどうでしょうか。主催者になるとサボる訳にもいかなくなるので、英語学習の強制力が自ずと出てきます。更に理想を言えば、自分が講師役（又は進行役）を積極的に務めることで、単なる受講者よりも深く英語を学べるようになります。英語を漫然と勉強するのは大変なので、何らかのテーマを決めるとよいでしょう。例えば、「アメコミ映画に出てくる英語」などをテーマとして設定します。

　筆者の実例を挙げると、筆者がサラリーマン勤務していた頃、社内の小集団活動（社員が自主的に開催する勉強会）において「Bando's Boot Camp」と題して、英語の勉強会を主催しました。筆者が「Bando's Boot Camp」の英語講師兼主催者でした。ちなみに、「Bando's Boot Camp」と言うのは、当時流行していた某隊長の DVD の名前に"インスパイア"されました。小集団なので、坂東隊長（筆者）の下には平均して 10 名ほどの隊員が居ました。隊員は「独力で己の夢を英語プレゼンできる」レベルの英語力を目指して、「Bando's Boot Camp」における隊長のシゴキに耐え続けてきた訳です。その結果、最終的には、英語アレルギーに「頭のてっぺんから尻尾の先まで」染まっていた隊員全員が素晴らしい"夢"のストーリーを英語でプレゼンできるまでに進化しました。当然、筆者自身も「隊長」の経験を通じて、英語力向上の修行に励むことができました。

外国人と知り合い、英語で交流する

　「日本語を話せない外国人」の知り合いをもつのも良いです。相手が日本語を話せてしまうと、ついつい、相手に甘えてしまい、日本人は英語で話さなくなるので要注意です。あの有名な「駅前留学」でもよいですが「フィリピン語学留学」という手もあります。Skype 等の TV 電話によるオンライン留学もあります。留学以外の手段として、大都市圏であれば、

外国人が集うような「飲み屋（Pub）」があります。お酒が入れば、緊張も適度にほどけるので、外国人と英語で会話するのに挑戦してみましょう。

興味関心がある趣味や娯楽を英語で楽しむ

自分がもともと興味関心ある趣味や娯楽を、ついでに、英語で楽しんでまえという発想です。インターネットが発達した現在社会は、趣味や娯楽もグローバル化しており、日本人だけでなく外国人にも「同好の士」が居る可能性が高いです。趣味や娯楽はもともと興味関心があるトピックであるから、それに付随して、英語を勉強するのは苦痛が和らぎます。例えば、娯楽であれば「ディズニー映画」を推奨します。子供向けの性質上、標準的かつ平易な英語です。筆者の場合は、YouTubeで海外の面白い動画を楽しんでいます。

英語の資格試験に挑戦する

筆者は資格マニアです。次に示す英語の資格を保持しています。

・実用英検1級（＋準1級、2級、準2級、3級、4級）
・通訳案内士（英語）
・TOEIC 875点（Reading 475：Listening 400）Aランク
・国連英検B級（＋C級）

資格試験に合格するとアドレナリンが大量に出るため、更なる高みを追求したくなり、英語の学習がはかどります。資格試験は自分の英語力を計るマイルストーンにもなります。履歴書の資格欄に書ける等、キャリアアップに有利です。一番重要なのは、努力して得た資格は「一生モノ（無形固定資産）」だと言うことです。

第9章　お薦めの英語の勉強法

英語を活用できる機会を意識的に増やす

ここまで読めば理解できたと思いますが「英語を積極的に使う機会を意識的に増やす」というのが、英語学習の王道です。つまり、英語の学習を習慣化するシステム（仕組み）を構築するのが重要なのです。上述した工夫以外にも、例えば、筆者の場合は**表1**の機会を設けています。

表1　筆者が英語を活用する機会の例

機会の例	説明
洋書の購読	ITの専門書は洋書が安い。残念ながら、ITの翻訳書は翻訳の信用性が低いことがある。そもそも、ITの専門書は翻訳がなかなか発刊されない。
英語を活用できる仕事	まさに、本書の執筆。報酬（印税）がゲットできる上に、実績・経験・技能を積み立て貯金できる。
海外での活動	国際会議や海外イベントへの参加など。「呼ばれるまでもなく、押しかける」のが基本である。

2　辞書

辞書に関しては「ブランドはお好みのままに」です。個人的な愛用品はCASIOのEX-word[1]です。

3　参考書

筆者の独断と偏見で、英語に関する書籍を**表2**に紹介します。日本人の英語学習熱も相まって、英語の書籍も洪水の如く大量に出版されています。どの書籍を買うべきか判断に迷ったときは、Amazon.comの評価（★とコメント）を参考にして購入すると良いでしょう。

3 参考書

表2 筆者がお勧めする英語の参考書籍

書名	筆者のコメント
「ネイティブはこう使う！マンガでわかる」シリーズ[2]	「マンガでわかる」と言うのがポイントである。「時制・仮定法」「形容詞・副詞」「動詞」「英会話フレーズ」「前置詞」「冠詞」が刊行されている。著者のデイビッド・セイン氏は日本語堪能なネイティブの英語話者であるので、内容の信頼性も高いであろう。
「日本人の英語」シリーズ[3]	日本語にも精通しているマーク・ピーターセン氏の著書である。彼の著書は全般的にオススメである。ただし、基礎を一通りマスターした上級者向けの内容だと感じる。
「日本人なら必ず誤訳する英文」シリーズ[4]	あの映画にもなった「ダヴィンチ・コード」を翻訳した越前敏弥氏の著書である。筆者も誤訳しそうな英文が満載である。ただし、出てくる英文の内容は上級者向けであると思う。
英語は「インド式」で学べ！[5]	英語本としては売れた部類の本である。「インド式」と書いているが「これだけは覚えておけ」という典型的な言い回しを説明している。この本に掲載されているパターンのみでは複雑な会話は難しいだろうから、初心者の日常会話向けである。
英語構文全解説[6]	700ページ近い大著である。絶版になっていた「幻の名参考書」を復刻した本である。受験を控えた高校生向けであるが、今時の高校生がこれほどの大著を読まないであろう。
マスターしておきたい技術英語の基本[7]	「技術英語の基本」というタイトルであるが、実際の中身は、日本人が誤りやすい「アンチパターン」に特化している。確かに、筆者も気を抜くと誤りそうなトピックが多かった。日本人が誤りそうな英文法はある程度パターン化されているのであろう。
技術翻訳のチェックポイント[8]	日英の両言語が併記されている珍しい記述スタイルである。日立グループでの長年の翻訳経験に基づいて作り上げた翻訳評価システム TES (Translation Evaluation System) を解説している。27コード（チェックポイント）から構成される。
プロが教える技術翻訳のスキル[9]	書名の通り、プロの技術翻訳者を目指す人向けの書籍である。しかし、技術英語で役立つ知識も書いている。翻訳テクニックの話だけでなく、プロの専門家としての心構えも書かれているのが興味深い。

4 シソーラス

　シソーラス（Thesaurus）というのは耳慣れない用語かもしれないですが「同義語」「類語」の辞書という意味です。英語の作文の鉄則として「1つの文章内で同じ単語を乱発するのは避ける」べきです。口が悪くて恐縮ですが「馬鹿の一つ覚え」というのは教養が無い人間のように見られます。若い女性の会話にありがちな、何でもかんでも「かわいい」という形容詞で済ませる風潮に、講師は危機感を覚えています。言語表現の多彩さが失われていくのは、日本語の衰退そして日本人精神の荒廃でしょう。

　例えば、一般的な日本人が「～だと思う」という和文を英訳する場合に出てくるのが多いのは"I think～"だと思います。ですが、"think"以外のバリエーションとして、believe, suppose, expect, imagineという英単語も使えます。当然、違う単語ですからニュアンスの微妙な差異はあります。しかし、"I think"一辺倒で押し切るよりも英文の表現の幅が広がります。シソーラスを多く知ることは、語彙力強化（Vocabulary building）に適しています。図1に示す「Thesaurus.com」は、シソーラスを検索できるWebサイトです。「同義語」「類語」だけではなく、「対義語」も分かります。

5 Webサービス

　近年はクラウドサービス（インターネット上で利用できる情報システム）の発展に伴い、英語学習に役立つWebサービスが出てきています。英語に関するWebサービスを表3に紹介します。

5 Webサービス

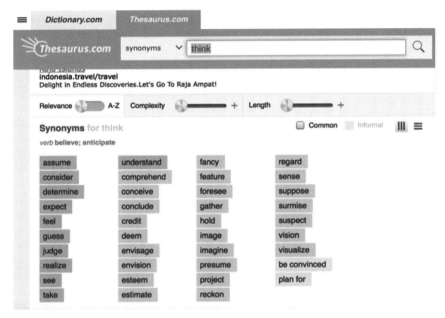

図1 「Thesaurus.com」のWebサイト[10]

表3 筆者がお勧めするWebサービス

名称	筆者のコメント
英辞郎 Pro on the Web (http://eowp.alc.co.jp)	ALC社が運営している英語辞書サイトの「英辞郎」の有料版である。無料版と比して「検索速度が速い」「例文が多い」「検索履歴」「単語帳」などの付加価値がある。英→日、日→英の「ローカライズ」業務には必要不可欠である。
Lang-8 (http://lang-8.com)	自分が書いた英文をNative check（添削）してもらえる。逆に、日本人は外国人の和文をチェックする。
Chuck Norris FACTS (http://www.chucknorrisfacts.com)	米国芸能界最強の男「チャック・ノリス」の伝説（ネタというかAmerican Joke）をリストアップしているサイトである。とにかく英文がすごく楽しいので、一読の価値がある。

6 アプリ

近年はスマートフォンの普及に伴い、英語学習に役立つアプリが出てきています。英語に関するアプリを表4に紹介します。

表4 筆者がお勧めするアプリ

名称	説明
英辞郎 Pro on the Web	Webサービスの「英辞郎」はアプリでも使える。筆者にとって、利用頻度が最も高い。
iKnow![11]	語彙力強化に役立つアプリ「iKnow!」 ゲーム感覚で単語を習得できる。単語習得以外にもTOEICの練習などもできる。
Duolingo[12]	世界で一番人気がある英語学習アプリは「Duolingo」である。基本的な発想は「iKnow!」に近い。
Listening Hacker[13]	発音練習アプリ「Listening Hacker」 発音の変化ルールを学べる。
TED AudioBooks	世界規模で大人気のプレゼンテーションの祭典TEDの傑作プレゼンを集めた「TED AudioBooks」である。動画閲覧だけでなく、文字原稿を読めるのが便利である。話の内容だけでなく、プレゼン演出にも要注目である。

7 語源

英語学習において多くの日本人が苦しむのは「語彙力強化」でしょう。読者も大学受験時代に単語帳をめくりつつ、語呂合わせでもして、必死になって、より多くの単語を頭に詰め込む(丸暗記する)ことを試みたはずです。しかし、何の脈絡もない状態の情報を忘れずに記憶するというのは、人間の脳にとって至難の業です。英単語を血肉にするための負荷を和らげ

7 語源

る方法として、英単語の「語源」に着目することが挙げられます。

英単語の基本的な構成は「語根＋接辞」です。語根とは単語の根幹となる要素であり、接辞は語根を修飾する要素です。接辞には、単語の前の方に付く接頭辞、後ろの方に付く接尾辞があります。各々の語根、接頭辞、接尾辞には固有の意味があります。英単語の意味は、語根、接頭辞、接尾辞の意味の組み合わせです。語根、接頭辞、接尾辞の種類は膨大にあり、本書ではその全てをカバーしきれません。「語源中心英単語辞典」では全部で 400 近い接辞・語根が紹介されています。

そうは言っても、基本的な語根、接頭辞、接尾辞を理解しておくだけでも、英単語の学習が大幅に楽になります。

接尾辞との組合せの例としては、"employ"（雇用する）という英単語があります。接尾辞は "-er"（〜する人）又は "-ee"（〜される人）が付きます。図 2 に示すように、後ろに付く接尾辞により、単語の意味が変わってきます。

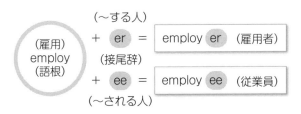

図 2　語根と接尾辞

接頭辞との組合せの例としては、"pathy"（感情を示す）という語根があります。接頭辞は "sym-"（同じ）又は "anti-"（反対）が付きます。図 3 に示すように、前に付く接頭辞により、単語の意味が変わってきます。

第9章 お薦めの英語の勉強法

図3　接頭辞と語根

　英単語の学習に役立つ考え方として、表5に示す「Brown の "14 master words"」があります。20 の接頭語と 14 の語根を学習することで、Webster's Collegiate Dictionary 中の 14,000 以上の英単語の意味を推測する手がかりが得られます。14,000 以上の英単語を学習する上での鍵となる 20 の接頭語と 14 の語根は、表5に示す "14 master words" と呼ばれる 14 の英単語に全て網羅されています。

　語源の調査に有用な Web サイトとして、図4に示す「ONLINE ETYMOLOGY DICTIONARY」(http://www.etymonline.com) があります。"Etymology" は「語源」という意味です。

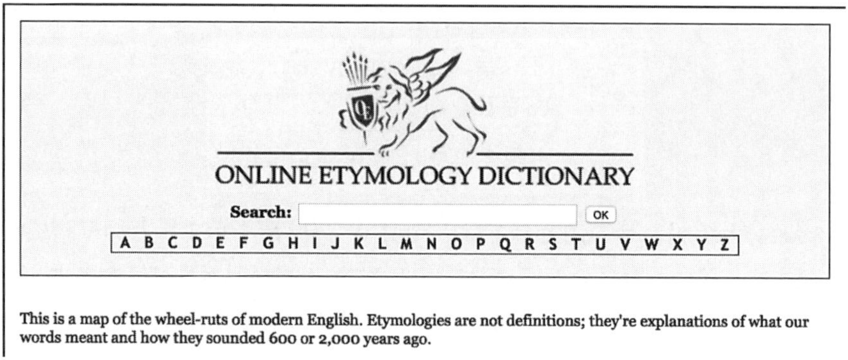

図4　「ONLINE ETYMOLOGY DICTIONARY」の Web サイト[14]

7 語源

表5 Brown の "14 master words"

#	英単語	接頭辞	意味	語根	意味	単語の意味
1	precept	pre-	前に	cept	取る	(前もって取る、警告する) ⇒処世訓、教え
2	detain	de-	離れて、下に	tain	持つ、保つ	(離れて押さえつけておく) ⇒拘留する、留置する、拘束する
3	intermittent	inter-	間に	mit	送る、投げる	(間に投げ入れられたもの) ⇒断続的な、時々途切れる
4	offer	ob-	〜に対して	fer	運ぶ	(〜の方へ運ぶ) ⇒提供する、申し出
5	insist	in-	〜の中に、上に	sist	立つ	(〜の上に立って譲らない) ⇒主張する
6	monograph	mono-	1つの	graph	書く	(一つのことについて書かれたもの) ⇒ (単一分野をテーマとする) 研究論文、単行書
7	epilogue	epi-	〜の上に	log(y)	言葉、学問	(上につけ加えられた言葉) ⇒結末、結びの言葉
8	aspect	ad-	〜に向かって	spect	見る	側面
9	uncomplicated	un-	〜でない	ply	折る	(一緒に折り重ねなれていない) ⇒複雑でない、単純な
		com-	共に			
10	nonextended	non-	〜でない	tend	伸ばす、引く	(外に広がっていない) ⇒延長されていない
		ex-	外に			
11	reproduction	re-	再び	duct (duce)	導く	(再び前に導かれたもの) ⇒複製品、再生産
		pro-	前に			
12	indisposed	in-	〜でない	pose	置く	気が向かない
		dis-	離れて			
13	oversufficient	over-	越えて	fic(t)	作る、なす	(十分になされた状態を越えている) ⇒過剰の
		sub-	下に			
14	mistranscribe	mis-	誤った	scribe	書く	誤まって向こうに移して書く⇒誤って書き写す
		trans-	越えて			

第9章　お薦めの英語の勉強法

「学問に王道無し」

　筆者は英語を独学（苦学）した結果として、一応は、本書の執筆や国際会議等を含めて英語を用いる仕事をできるようになりました。勿論、筆者はあくまでも生粋の日本人であるが故に、ネイティブの英語話者と比べたら、筆者の英語力は「完璧にはほど遠い（far from perfect）」です。筆者はTOEICの満点（990点）をとれていませんし、そもそも、TOEIC満点をとってもパーフェクトではありません。英語学習に終わりは無いのです。その証拠に、筆者や読者を含めて、我々日本人とて「日本語力が完璧か？」と聞かれたら、母語であるはずの日本語ですら怪しいものです。筆者は「一生涯勉強中」をポリシーとして、英語の資格試験への挑戦などを行うことで、英語修行に邁進する所存です。

　さて、英語修行中の筆者ではありますが、英語の学習に苦戦する日本人エンジニアから数多くの質問を受けるようになりました。そういった質問の中で（耳にタコができるほど）特に多いのが「どうすれば、英語をラクにマスターできますか？」といった類いの質問です。そういったワンパターンの質問に対する筆者の返答もいつもワンパターンです。「そんなラクなマスター方法があるというのであれば、むしろ、私のほうこそ教えて欲しい」と返答しています。

7 語源

　英語学習に限らず、学問でも芸でもスポーツでも、何でもそうだと思うのですが、「学問に王道無し」の一言に尽きるでしょう。「学問に王道無し」は英語で "There is no royal road to learning." と言います。つまり、英語圏の人々も「学問に王道無し」と理解している訳です。物事をマスターしようとするのに"ラク"な道のりなどあり得ないということです。もし"ラク"そうに見える道のりがあったとしても、それは"嘘っぱち"の道のりでしょう。流石に具体名は挙げませんが、英語教材の胡散臭いCMが散見されます。CMの主張通りに"ラク"に"スピーディー"に英語をマスターできるのが本当であれば、今頃は、日本人全てが英語ペラペラでしょうし、若者は大学入試の英語で満点をとっていることでしょう。当然、実際はそうでないので、一見"ラク"そうに思えてくる学習方法は"嘘っぱち"なのです。

　一応、本章においても、筆者の個人的な経験（苦労）談に基づいて、英語学習のコツを記しております。筆者の勉強法も「"ラク"する」ことを目指していますが、その「"ラク"する」というニュアンスは「勉学が苦しいのはやむを得ないので、その苦痛を少しでも和らげる（麻痺させる）」という意味です。つまり「とても苦しい（辛い）のを"ラク"（マシ）にする」といった方が近いのです。筆者はこのことを「飴（あめちゃん）」によく喩えています。「ムチ」に対する「アメ」というニュアンスです。筆者を含めて、英語の学習が苦しいのは当然至極なのです。なので、少しでも苦痛を緩和する工夫を行って英語の学習を挫折せずに継続でき

第9章　お薦めの英語の勉強法

るような仕組み、すなわち、英語学習の「飴（あめちゃん）」を自分なりに考え出す必要があるのです。本章で紹介した筆者の勉強法は、筆者なりの「飴（あめちゃん）」なのです。筆者は別に聖人君子でもありませんし、精神力が頑強でもありません。むしろ、「三日坊主」どころか「一日坊主」のヘタレです。ヘタレであればあるほど、より甘い「飴（あめちゃん）」に頼るしかありません。これが長年にわたり英語学習に苦戦し続けてきた筆者が到達した"悟り"です。

出典一覧

前書き
[1] 詳細は、日刊工業新聞の下記の記事を参照。

> モノづくり革新のススメ（51）
> オフショア開発の有効性
> （日刊工業新聞、2016/3/31）

(第1章)「技術英語」の概要
[1] Jean-Paul Nerriére（ジャン-ポール ネリエール）「世界のグロービッシュ—1500語で通じる驚異の英語術」東洋経済新報社 2011年
[2] 「ものづくり.com」の記事「「ローカライズ」とは」を参照。
(http://www.monodukuri.com/gihou/article_list/180/ローカライズ/)
[3] 中山裕木子「技術系英文ライティング教本—基本・英文法・応用」日本工業英語協会 2009年

(第3章)「受験英語」は全ての基礎
[1] 「日本英語検定協会」の「各級の目安」を参照
(http://www.eiken.or.jp/eiken/exam/about/)

(第5章)「技術英語」のアンチパターン（べからず集）
[1] 本図はVoxyの「What Are The Hardest Languages To Learn?」より引用。

出典一覧

(https://voxy.com/blog/2011/03/hardest-languages-infographic/)

（第7章）　各種ドキュメントの作成で活用する「技術英語」

［1］　「株式会社オフィース・Ichijo」のWebサイトより引用
　　　（http://www.eibun-copywriter.com/blog/2010/12/post-54.html)

（第8章）　英語プレゼンテーション　虎の巻

［1］　「音声変化ルール」の一覧は下記Webサイトの「Listening Hacker」の説明より引用。
　　　（http://keigakusha.co.jp）

［2］　フォニックスに用いる図表の例は下記Webサイトより引用。
　　　（http://www.johncliffordschool.com/phonics-parents-evening-information/)

［3］　「マイナビニュース」の「スティーブ・ジョブス氏から学ぶ、数字の「3」の法則」
　　　（http://news.mynavi.jp/articles/2015/03/01/sj/)

（第9章）　お薦めの英語の勉強法

［1］　CASIOのEX-word。
　　　（http://casio.jp/exword/)

［2］　本書発刊時点においては、デイビッド・セイン氏の「ネイティブはこう使う！マンガでわかる」シリーズ（西東社　刊）は図1に示す内容が発刊されています。

```
● ネイティブはこう使う！　マンガでわかる冠詞
● ネイティブはこう使う！　マンガでわかる英会話フレーズ
● ネイティブはこう使う！　マンガでわかる時制・仮定法
● ネイティブはこう使う！　マンガでわかる形容詞・副詞
● ネイティブはこう使う！　マンガでわかる前置詞
● ネイティブはこう使う！　マンガでわかる動詞
```

図1　「ネイティブはこう使う！マンガでわかる」シリーズ

[3]　本書発刊時点においては、マーク・ピーターセン氏の「日本人の英語」シリーズ（岩波書店 刊）は**図2**に示す内容が発刊されています。

```
● 日本人の英語
● 続・日本人の英語
● 実践 日本人の英語
```

図2　「日本人の英語」シリーズ

[4]　越前敏弥氏の「「日本人なら必ず誤訳する英文」シリーズ」シリーズ（ディスカヴァー・トゥエンティワン 刊）は**図3**に示す内容が発刊されています。

```
● 越前敏弥の日本人なら必ず誤訳する英文
● 越前敏弥の日本人なら必ず悪訳する英文
● 越前敏弥の日本人なら必ず誤訳する英文 リベンジ編
```

図3　「ネイティブはこう使う！マンガでわかる」シリーズ

[5]　安田正「英語は「インド式」で学べ！」ダイヤモンド社 2015年
[6]　山口俊治「英語構文全解説」研究社 2013年
[7]　Richard Cowell 他「マスターしておきたい技術英語の基本-決定版-」コロナ社 2015年

出典一覧

[8]　ケビン モリセイ「技術翻訳のチェックポイント」丸善 2005 年
[9]　時國滋夫 他「プロが教える技術翻訳のスキル」講談社 2013 年
[10]　「Thesaurus.com」
　　　(http://www.thesaurus.com/)
[11]　iKnow!
　　　(http://iknow.jp)
[12]　Duolingo
　　　(https://ja.duolingo.com)
[13]　Listening Hacker
　　　(http://keigakusha.co.jp/)
[14]　「ONLINE ETYMOLOGY DICTIONARY」の Web サイト
　　　(http://www.etymonline.com)

後書き

　本書は小学校5年生の時から英語の学習を開始して、30年間近く英語を勉強し続けてきた筆者の経験談とノウハウを盛り込んできました。英検1級や通訳案内士（英語）などの資格取得やAPEC国際会議での英語プレゼン等の目に見える形での成果も出てきました。しかし、今後、筆者が死ぬまで英語を勉強し続けたとしても、所詮は「非ネイティブ」です。ネイティブよりも英語が上手くなることはあり得ないし、世の中には知らない英単語が山のようにあります。リスニングしそびれて、先方の話を聞き逃すこともあります。一生、完璧な英語力には到達できないでしょう。

　だから、読者も筆者も目指すべきは「完璧な英語」（Perfect English）ではなく「許容しうる英語」（Acceptable English）です。要するに、相手が自分の拙い英語を受け入れることができれば、コミュニケーションの目的は達せられるのです。「完璧な英語」（Perfect English）を目指そうとするのであれば、本書は質と量が圧倒的に不足しています。「許容しうる英語」（Acceptable English）で良いのであれば、本書の内容を一通り理解することで、実際の「技術英語」の現場のほとんどの局面に対応できるでしょう。

　最後に「まとめのまとめ」として、デンゼル・ワシントン（Denzel Washington）主演の映画「イコライザー」（The Equalizer）の台詞を紹介します。

> Progress, not perfection
> （完璧よりも前進を）

　この台詞のシチュエーションに関しては、是非とも映画を鑑賞してください。英語学習の神髄のような名言です。筆者自身もこの台詞を肝に銘じています。

── ■著者紹介■ ──

坂東大輔 (ばんどう　だいすけ)
坂東技術士事務所 代表
技術士（情報工学部門）、通訳案内士（英語）、情報処理安全確保支援士

■ プロフィール
・1978年生まれ。徳島県（阿南市）生まれの神戸市育ち。
・2002年3月 神戸大学経営学部卒業。学士（経営学）取得。
・2002年4月～2014年2月 ㈱日立ソリューションズ（旧称：日立ソフトウェアエンジニアリング㈱）勤務。
・2010年3月 信州大学大学院 工学系研究科 修士課程 情報工学専攻 修了。修士（工学）取得。
・2014年4月～2015年3月 名古屋のITベンチャー 取締役CTO（Chief Technology Officer）就任。
・2015年4月 坂東技術士事務所（個人事業主）独立開業。
現在に至る

■ 専門分野
UX（User Experience）、ローカライズ（技術翻訳）、オフショア開発（ブリッジSE）、情報セキュリティ、クラウドサービス、技術経営（MOT）、人工知能（AI）、IoT（Internet of Things）、組込システム

■ 資格
技術士（情報工学部門）、中小企業診断士、情報処理安全確保支援士、APECエンジニア（Information）、IPEA国際エンジニア、テクニカルエンジニア（ネットワーク、データベース、情報セキュリティ）、実用英検1級、通訳案内士（英語）、TOEIC875点など計22種類の資格を保持。

■ 連絡先

連絡手段	連絡先
E-mail	daisuke@bando-ipeo.com
ホームページ	http://www.bando-ipeo.com/
Facebook	https://www.facebook.com/daisuke.bando.33
Linked-in	https://jp.linkedin.com/in/bandodaisuke

英語嫌いのエンジニアのための技術英語　NDC 507

2019年2月28日　初版1刷発行

（定価はカバーに表示してあります）

Ⓒ　著　者　　坂東　大輔
　　発行者　　井水　治博
　　発行所　　日刊工業新聞社
　　　　　　　〒103-8548　東京都中央区日本橋小網町14-1
　　電　話　　書籍編集部　03（5644）7490
　　　　　　　販売・管理部　03（5644）7410
　　ＦＡＸ　　03（5644）7400
　　振替口座　00190-2-186076
　　ＵＲＬ　　http://pub.nikkan.co.jp/
　　e-mail　　info@media.nikkan.co.jp
　　印刷・製本　美研プリンティング㈱

落丁・乱丁本はお取り替えいたします。
2019 Printed in Japan
ISBN 978-4-526-07931-3　C3050

本書の無断複写は、著作権法上の例外を除き、禁じられています。